编号：2018-2-108

"十三五"江苏省高等学校重点教材

均陶堆花工艺

周步芳 主编 李守才 副主编

全国轻工业职业教育规划教材

『十三五』江苏省高等学校重点教材

江苏凤凰美术出版社

全国百佳图书出版单位

图书在版编目（CIP）数据

均陶堆花工艺 / 周步芳著 . -- 南京：江苏凤凰美
术出版社 , 2019.9
ISBN 978-7-5580-4632-2

Ⅰ . ①均… Ⅱ . ①周… Ⅲ . ①陶瓷 – 生产工艺 – 职业
教育 – 教材 Ⅳ . ① TQ174.6

中国版本图书馆 CIP 数据核字（2019）第 244373 号

责任编辑　王左佐
装帧设计　焦莽莽
装帧校对　刁海裕
责任监印　张宇华

编号：2018-2-108

书　　名　均陶堆花工艺
著　　者　周步芳
出版发行　江苏凤凰美术出版社（南京市中央路165号　邮编：210009）
出版社网址　http：//www.jsmscbs.com.cn
制　　版　南京新华丰制版有限公司
印　　刷　南京新世纪联盟印务有限公司
开　　本　889mm×1194mm　1/16
印　　张　7.25
版　　次　2019年9月第1版　2019年9月第1次印刷
标准书号　ISBN 978-7-5580-4632-2
定　　价　78.00元

营销部电话　025-68155790　营销部地址　南京市中央路165号
江苏凤凰美术出版社图书凡印装错误可向承印厂调换

（本书相关资料扫描封底微信号可查）

前言

　　根据高职课程改革要求，校企合作共同构建课程教材，是各大高职院校提升内涵建设的有力举措。依托宜兴丰富的陶瓷资源与地域优势，传承宜兴陶瓷"五朵金花"之一的"均陶"艺术，创新发展"堆花"这一传统的民间手工艺绝活，填补《均陶堆花工艺》教材的空缺，让学生在艺术理论和实践创作上都有质的提升，从而推进均陶堆花艺人的艺术素养和职业能力。

　　以工学结合为核心的人才培养模式改革，是当前我国高职教育加强内涵建设的重要内容，也是实现高职教育人才培养目标的重要保证。工学结合强调人才培养要以职业为导向，充分利用校内外不同的教育环境和资源，把以课堂教学为主的学校教育和直接获取实际经验的校外工作有机地结合起来。落实工学结合教育模式的关键，不只是如何安排学生下企业顶岗实习，而是怎样将这种教育理念贯穿于学生的培养全过程，这其中就包括我们的课程建设和教材建设。

　　教材是实施教学计划的重要载体，直接影响到教学水平和教学质量，也是专业教学改革和课程建设成果的具体体现。《均陶堆花工艺》教材的编撰符合教育改革发展、行业发展以及教学发展的需求，以学生职业生涯发展为基础，以项目式课程教学为目标，逐步提高学生的专业理论与操作技能，注重学生岗位职业能力与后期发展潜力的培养，不断增强学生的个性发展和就业竞争力。本教材由无锡工艺职业技术学院陶瓷学院教师与地方陶瓷企业大师共同编写，是一个校内教学实践经验丰富、校外企业实战能力较强的"双师型"团队。通过市场调研与人才需求分析，遵循职业教育规律，参照行业职业标准，以企业实际生产工作过程与工艺流程进行教学内容的组织与编排，以实际工作项目与设计案例图片来分析堆花工艺的特色与作品制作的方法等。教材贴近生产工艺，有较强的针对性、操作性与实用性，对于院校学生和陶艺爱好者来说，都可以通过自我学习和自我训练后掌握一定的工艺技法。

　　教材编写过程中，有些内容还不够成熟，尚有改进之处。如案例还不够典型，项目还不够丰富，理论还不够全面等等。期待各位专家老师批评指正，以便更加完善。最后衷心感谢学院领导、各位专家以及全体参与老师的关心与支持！

目录

第一部分
认知篇

学习目标:

◎ 了解均陶堆花工艺的历史演变。

◎ 了解均陶堆花工艺的基本概念。

◎ 了解均陶堆花工艺的艺术特征。

◎ 了解均陶堆花工艺的装饰技法。

◎ 了解均陶堆花工艺的辅助工具。

第一章 概 述

中国陶瓷艺术历经上万年的传承与创新，成为人类历史上无与伦比的瑰宝而誉满全球。享有"陶都"美誉的江苏宜兴，是陶瓷原材料的产地，也是紫砂陶艺的发源地，拥有得天独厚的地域优势与源远流长的陶瓷文化。

宜兴早在7000多年前就开始了制陶业，均陶是宜兴当地最早的陶瓷种类之一，蕴涵着浓郁的地域文化与民间特色。《宜兴县志》中记载：宜兴均陶生产始于宋代，明代开始盛行。到了明代中晚期"宜均"生产工艺已经进入成熟期而饮誉海内外，并以明代的"欧窑"、清代的"葛窑"赢得了"名陶名器，天下无类"的赞语。而被称为"大拇指艺术"的宜兴均陶"堆花"工艺更是受到了人们的青睐，堪称"中国传统民族工艺奇葩"，更是"中华民族的骄傲"。

相传宜兴南山有一均（军）山，周围生产的带釉陶器叫均陶；也有说均（军）山上取土做的陶器叫均陶。宜兴

均陶以大气、古朴、美观著称，有实用和陈设的双重价值。其独特精妙的堆、贴技法是它的主要装饰手法，这在民间陶瓷艺术的装饰手法中极具代表性与地域性。享誉宜兴陶瓷"五朵金花"之一的"均陶"，有着与紫砂一样的荣耀声誉和艺术特色。宜兴均陶与紫砂陶本是同根同源的，在考古挖掘中，经常会在同一窑址中发现均陶和紫砂的残片，这就证明在古代它们是同窑烧制的。对宜兴陶瓷历史稍加了解的人都知道，均陶的历史相比紫砂更为久远。因为从制陶原料来看，均陶做胎的泥料取自丁蜀镇黄龙山的甲泥矿，而紫砂是夹杂于甲泥矿中的"岩中岩""泥中泥"，是人们在长期使用甲泥矿的过程中发现并使用的一种特殊泥矿。所以从这个逻辑关系上来讲，均陶历史应该是早于紫砂的。

一、宜兴均陶堆花工艺的独特性

宜兴均陶堆花工艺，是从几千年前的陶俑、印纹陶、陶塑等早期陶瓷装饰手法演变而来，起到美化装饰陶瓷制

品的作用，其别具一格的大拇指堆花技艺堪称一绝。

均陶堆花工艺是一种常见的陶瓷坯体装饰技法，在不同的历史时期、不同的窑口都有采用堆贴装饰的陶瓷作品。而宜兴均陶堆花工艺是我国民窑中极有代表性和特殊性的一种堆贴装饰技法，以其神奇独特、妙手生花的堆贴工艺而蜚声中外。

宜兴均陶的"堆花"与其他窑口的"堆、贴花"概念相距较远，在工艺手法上相差悬殊。其他窑口有的采用模印贴花，有的采用堆塑捏塑，将模印或捏塑的各种花卉、铺首（耳把）等纹样用泥浆粘在已经成型的器物坯体表面上，而宜兴均陶"堆、贴花"装饰则完全依赖于大拇指的指法和不同色泥的配合使用，不需要泥浆而仅凭大拇指的挤压将泥条固定在陶器坯体上。此工艺要求堆花者必须灵活地运用手腕带动大拇指的运动方向，通过摊、撕、揿、扰、行等不同指法，将各色泥条塑造成预先构想好的图形，形成以浅浮雕为主兼有一定立体效果的装饰特色。可以说宜兴均陶堆花工艺是完全采用纯手工的方式来进行的一种坯体装饰，不借助其他任何模具，较之其他窑口的堆贴装饰更具有手工艺独有的意味。

二、宜兴均陶艺术的研究现状

有史以来，宜兴均陶通过美化日用陶瓷器物，装点着人们的生活与环境，但却还是没有紫砂那样的景气，未受到应有的重视，也少有专著对其进行深入的研究和阐述。究其原因也是多方面的，除了"紫砂热"让众多的陶艺工作者投身于紫砂业，形成了紫砂独领风骚的局面，相形之下，宜兴陶瓷的其他四朵金花则略显逊色。

一方面由于历代从事宜兴均陶堆花装饰的大都是普通的陶瓷工匠，文化水平的限制使得他们传授技艺的方式只能通过口头传授和动手操作。但是堆贴这种技艺属于意会技法，是堆花艺人长期摸索和积累的结果，不易用语言表达，只能通过师傅带徒弟的方式进行传播，这无疑限制了对它的研究和记载。另一方面，宜兴均陶堆花装饰作为一种民间日用陶瓷的装饰手段，是民间文化的物质反映。在旧社会，民间工艺被当作下层文化，堆花艺人地位低下，未受到当时社会文人雅士的重视和赏识，也就少有理论家对其进行系统的归纳和总结。但是作为一种传统的装饰工艺和民间艺术文化，它的兴衰反映出传统陶瓷文化在现代化进程中的命运，它的装饰技艺对现代陶艺也是一种有力的补充。因此，我们有必要对宜兴均陶堆花工艺的艺术特

征和装饰技法进行探讨。

另外，还有市场需求的问题。从宜兴当地的各大陶瓷市场来看，均陶产品的数量远没有紫砂产品多，销量也不容乐观，除了少数几位大师的作品供不应求之外。加之企业改制后，很多堆花师傅都下岗了，因为均陶堆花工艺的独特性，建立私人作坊往往不易成功，以致有些堆花师傅改行从事其他职业也是在所难免的。

现在，从事均陶研究的名人寥寥无几，因为均陶学习要有一个相当长的过程，悟性高的徒弟至少也要有五年才能成才，一般人就要十年甚至更长时间才行，可见培养一个均陶堆花高手并非易事。所以，需要政府、社会和各大院校加大力度重视均陶艺术，培养更多的堆花人才，潜心钻研均陶的内涵与价值，努力继承与发扬堆花技艺，让宜兴陶瓷"五朵金花"共同绽放。

三、均陶堆花工艺的研究意义

宜兴均陶堆花工艺精湛独到，用此种技法装饰的陶瓷器物在人们的日常生活环境中起到实用、美化功能；另外，宜兴均陶堆花装饰具有浓厚的民间特色，其质朴、自然的美给人以精神上的满足，并能陶情怡性、提升艺术修养。

陶瓷艺术的发展需要从业者不懈努力，制作陶艺的技法也需不断探索与创新。宜兴均陶堆花技艺作为当地民间工艺的绝活，在继承传统的基础上需要拓宽思路、汲取精华，如何更好地发扬堆花工艺的特色，更快地推进堆花工艺的发展，并在堆贴技法与创作方法上有所创新、有所突破是值得研究的课题。相信通过对宜兴均陶堆花工艺的发展演变、风格样式、工艺特征、创作技法等方面的研究，可以给陶瓷艺术的创作提供更为丰富的源泉。因此，研究宜兴均陶堆花工艺是极有意义与价值的。

一是宜兴均陶堆花工艺是一种历史悠久的装饰技法。作为一种传统的工艺技法它还应受到更多的重视，需要更多的书籍刊物、专访专著等对该工艺进行完整的介绍，因此需要不断的理论归纳和经验总结。

二是宜兴均陶堆花工艺是一种独具特色的陶瓷装饰类型。它的装饰技法有别于其他窑口的装饰技法，具有极强的地方特色，因此需要分析研究其别具一格的装饰技艺。

三是宜兴均陶堆花工艺的应用范围需要拓宽。宜兴均陶堆花装饰的器物曾被广泛地应用于古代的社会生活，随着时代的变迁、生活习俗的改变，使得均陶堆贴装饰的应用范围发生了改变。今天将这种独具特色的装饰手法更好

地应用于各种日用器皿、园林陶瓷和现代陶艺创作中,才能拓展新的领域,从而延长其艺术生命力。

四是发展传统装饰工艺,拓宽现代陶瓷设计及陶艺创作的思路。现代艺术家无法完全脱离上万年的陶瓷传统工艺,他们所运用的一些表现手法仍旧是从传统装饰中寻求来的,我们应该向优秀的传统技法学习,向民间艺人学习,应创造性地运用民间工艺技术及艺术设计经验,在原有的基础上不断改进、继续发展,汲取其中的营养和精华,为今后的陶瓷设计和艺术创作而服务。

第二章　均陶堆花工艺的历史渊源

宜兴陶瓷有着七千多年的历史,在宜兴陶瓷的发展史上出现了青瓷、均陶、紫砂、精陶、美彩陶等不同的类型。宜兴均陶艺术是其中的一种,它兼顾了均釉的变化和堆花的技法,是一种独特的陶瓷装饰手法。艺人们用各色泥料搓成条,用大拇指在陶器坯体上堆贴出花鸟、山水、人物、走兽等不同的装饰画面,与器物的造型浑然一体,形成了自然畅快、生动灵秀的艺术风格。

要说宜兴均陶堆花技法到底是从哪一年开始的,时至今日,由于历史资料的缺乏,宜兴均陶的起源发展仍众说纷纭,有关均陶堆花工艺源于何时,还有待考证。但追根溯源,陶瓷装饰技法可以回溯到原始社会,早在新石器文化时期,原始部落居民就开始用堆、贴、塑的手法在素陶的器表、器口、肩部等部位上堆贴各种动物纹、人物纹或绳纹、弦纹、几何纹、水浪纹;到东周战国时期,出现了用泥捏塑的动物与人体陶俑,之后出现的印纹陶器上也有用手捏塑的装饰纹,以及借助竹木工具或陶模来进行印戳、刮制或印制出的各种纹饰,如弦线纹、水波纹、凸现的绳纹、浅雕状的网纹、麻布纹等;再到汉代时期,制陶者在陶器上加上了铺首(耳把)及系的装饰,亦是先捏制铺首及系再粘接到陶器上以便提携,铺首的制作即为早期的堆塑技艺。当时的陶器装饰技法采用的有浅刻、刮制、浅雕、捏制、印戳、粘接等综合而成。

比如东汉的原始瓷双系罐(如图1),就是在器物的肩部两侧贴置兽面套环系,这样的堆贴装饰既是器物本身的构件,起着方便提携的功能效用,同时又有着美化器物造型的装饰效果。再从西晋的青瓷器中发现,有一种明器(即冥器)称为谷仓(又称魂瓶)(如图2),也是用堆塑手法进行装饰的。集于捏塑、堆贴、刻划、印戳、浅雕、

图1　原始瓷双系罐　东汉　　　图2　青瓷堆塑谷仓罐　西晋

粘接相结合的综合性装饰,与前期陶制品相比,粗中有细,较为突出浮雕的立体效果。

仔细辨认,不难发现,宜兴均陶堆花工艺都是从这些早期陶瓷的捏、堆、塑等装饰手段中演变而来的,为近代均陶堆花工艺的形成奠定了基础。

第一节　堆花装饰的起源

陶器的装饰起初可能是制陶者无意的行为,是在做陶过程中经过拍打随意留下的痕迹。后来人们逐渐发现这种"痕迹"不仅使陶器坚固耐用,而且还使单调的陶器表面产生了变化,可以起到美化陶器的作用,让简单的造型因漂亮的纹饰而相得益彰。于是从无意到有意,人们开始尝试用各种技法来装饰陶器,而堆塑就是其中应用最为广泛的一种。

在新石器时代的马家窑文化中有不少彩陶罐上装饰有捏制的绳纹或人面、鸮面形象(如图3),这些简单的捏塑手法可以看成是堆花装饰工艺的最早萌芽。

原始瓷器中,也有不少作品采用了堆塑手法来装饰坯体。兴盛于三国两晋的一种随葬冥器——谷仓罐,通常采用模印、堆塑的方法,将楼亭阙阁、伎乐人物、瑞鸟珍禽、家什器物装饰在器皿的表面,以表示对墓主人及其家族永保富贵安乐、家道兴旺的祈望。浙江绍兴古墓出土的三国时期的青釉塑贴谷仓罐(如图4),它灵活运用了模印和堆塑、堆贴相结合的装饰手法,是一件构思巧妙、技法成熟的陶瓷艺术作品。

模印贴花是唐代长沙窑的一大特色,即用泥片在模子上印模出纹饰以后,粘贴在壶的系、钮和流下,或粘贴在罐和洗的双耳上或双耳中间的罐壁上;也有用印模直接在半湿未干的器壁上压印图形的。通常结合釉下褐彩、釉下

褐斑罩在模印贴花上，既突出了贴花，又增加了宗教人物、景物的神秘感（如图5）。长沙窑中还有少量的捏塑和堆塑、模印贴花相结合的作品。河南巩县窑的唐三彩贴花也采用模印贴花的方法进行装饰，取得了很高的艺术成就。

图3　裸体人像彩陶壶　　图4　青釉塑贴谷仓　　图5　长沙窑褐斑模印贴花
（马家窑文化）新石器　　罐　三国　　　　　　（舞蹈人物瓷壶）唐代

第二节　均陶堆花工艺的发展演变

1976年，宜兴陶瓷公司对宜兴古窑址普查和考古发掘的陶瓷碎片及现有的堆花古陶器分析：在唐代初期，宜兴地区生产的陶器上就出现了呈半堆塑状、捏塑的绳纹，即简单的浅雕状花草纹样；唐代中晚期，从堆花的手法操作来看，由双手捏塑堆贴逐步转为单手，即拇指的运作；唐代后期，宜兴地区生产的陶器制品上就出现了明显的堆花工艺的雏形，即在陶器上装饰着用白、浅红两种色泥捏塑的半雕塑状的绳纹和浅雕状的花草纹，但堆花是用竹木工具刮制或用陶模印制而成的。

均陶堆花工艺的创始期应为南宋，堆花手法主要是以手工捏塑为主，先用手搓、捏、塑成半雕塑状的泥条，其间极少使用辅助工具，再用绳或花草实物压印成绳纹和浅雕状花草纹，工艺、装饰都十分简练；南宋到明代初期，堆花手法完全是运用拇指进行操作了。明代前期使用的装饰泥料，一般是用稍稍细致的缸料土，色调比较单一；进入明代初期，堆花泥料已有白泥的使用。堆花的装饰特点呈半浮雕状，画面的设计相对规范、对称，操作手法以大拇指为主，加以雕塑、印模、粘接、挤压、印戳的辅助方法而成，画面题材一般以花卉为主，经过施釉烧成后，表面有玉质的感觉。明代中晚期，堆花工艺逐渐进入兴旺发展期。

发展到明末清初，堆花工艺有了较大的变化。清初期的堆花手法有了很大的转变，当时的工艺已从简单的搓、捏塑、压印方法，形成了堆贴、捏塑、陶模、木模、印制、粘接融为一体的装饰手段，加上一些辅助的竹、木工具，

拉线、挤压、刮制、印戳装饰几何纹样等，线条饱满，纹饰突出。清代时期的堆花工艺讲究多种技巧，如拓、撕、搓、揿、行五大技法的运用，这一时期的装饰特点是层次分明，线条比较规则，画面简练浑厚，呈半浮雕状。装饰题材也较为丰富，如佛教文化、民间传统文化、自然风光等，画面布局较为协调，装饰手法随意性较强，形成了绘画大写意的艺术效果，整个装饰画面用泥较为浅薄，但线条流畅，生动有趣，活泼奔放。再到清代中晚期，堆花技艺渐趋成熟，艺人们开始尝试用腕力功夫与拇指技巧进行堆花，并逐渐形成后世普遍采用的纯拇指堆花工艺。彻底改变了用木模、陶模，用竹、木工具刮制堆贴画面费时费工的不足，以及画面厚薄一致、单调呆板的视觉效果，从而使整个画面的装饰呈现出浓淡、深浅、远近之分。堆花工艺也从堆贴、捏塑的半浮雕状，逐渐形成浅薄雕平堆的装饰手法。堆贴的图案有花鸟、山水、人物、动物等，线条流畅，生动洗练，动感较强。

从民国之后直到现在，均陶堆花不但在装饰工艺及手法上有所变化、有所创新，还在材质、造型、釉料、堆花技艺上做了大量的改进，大胆突破，不再是单一的堆花白泥，还讲究色泥、色釉、化妆土相结合的综合装饰技法，融入中国书画艺术中写意与工笔的意趣及神韵，并借鉴雕塑、绘画、漆艺、石刻、剪纸、蓝印花布等民间艺术的表现手法，不断汲取这些艺术形式中的精华，逐步发展了"平贴法""半浮雕堆贴法""高浮雕堆贴法"与"立体累雕法"等，形成了有其自身语言特征的独特的艺术门类，使得堆花装饰艺术更具感染力和生命力。

一、早期源自青瓷堆塑

宜兴均陶堆花工艺经过了漫长的历史发展，包括风格、技法、题材及应用范围诸方面都逐渐走向成熟。据近年对宜兴部分地区的古窑址考察发现，仅在丁蜀镇附近就发现了十六处烧造黄绿釉釉陶的窑址，而且地点相当集中，说明最迟在将近两千年前的东汉时期，宜兴就已形成了制陶业中心。

1959年经考古发掘发现，在宜兴丁蜀镇的南山有六朝青瓷窑址。从这些青瓷产品的造型和装饰风格上看，都显然受到了当时青瓷生产中心——会稽（今绍兴）上虞地区的浓厚影响。造型上，宜兴南山窑的产品种类单纯，只有碗、钵、盆、壶、罐几类，不如上虞窑的复杂多样。而且由于在宜兴地区尚未找到优质的瓷土，其胎釉的色调也

不如上虞窑的产品，在成型和烧造工艺上也不够精巧，因此当时建业（今南京市）和京口（今镇江市）地区的贵族所使用及随葬的青瓷器，仍以上虞窑居多。三国两晋时期上虞制作的青瓷器中就有不少堆塑、贴塑的作品，可能对后来宜兴均陶堆贴装饰产生了潜移默化的影响。

出土于浙江上虞百官镇汉代遗址的东汉时期的青釉水波纹四系罐（如图6），此罐直口短颈鼓腹平底，肩部有四个等距离的横系，用以系绳提水，这四个系钮可以看作是最简单的堆贴装饰。肩部还饰有一圈水波纹，全由自然生动的曲线构成，丝毫不嫌呆板。器体通施青黄色釉，釉面均匀，光泽度强，胎质洁白致密，吸水性低，透光性好。器底未施釉，露出的瓷胎证明它已具有瓷器的特征。从各方面看，此罐都已达到真正瓷器的标准，是中国最早的青瓷产品。

1974年在浙江省上虞百官镇凤山砖室墓出土的西晋时期的越窑青瓷鸟形杯（如图7），是一件装饰与造型结合完美的艺术作品。此杯造型单纯，杯体圆润饱满，腹部正面有一只堆塑飞鸟，形体概括富有装饰性，对应的口沿塑有上翘的扇形鸟尾装饰把手，构思巧妙自然。类似这种堆塑装饰与器型结合巧妙的作品还有在江苏南京赵士岗出土的青瓷虎子。该器器身呈茧状，有四足，神似跪态，提梁为拱形，昂首拱背，塑造精巧。另外，江苏金坛出土的西晋时期会稽上虞制作的青瓷扁壶，肩部有堆贴的鼠形耳系一对，仿佛两只鼠嗅到了壶中的香味，争相向壶口攀爬，极富生活情趣。

宜兴周墓墩出土的西晋时期的青瓷香薰，其球状薰体上有堆塑的鸟形盖钮。同在宜兴周墓墩出土的西晋时期的青瓷兽形尊（如图8）是一件艺术精品。作者把兽形与器型巧妙地融为一体，熟练地运用了堆塑、贴塑、线刻、压印等多种技法，塑造出一个大腹便便、蹲踞着的神兽形象。

图8 青瓷兽形尊 西晋

从以上的作品可以看出，堆塑、堆贴的装饰手法被上虞窑、越窑的匠师们熟练运用，产品在江苏省很受欢迎。尽管这些都是青瓷作品，但对宜兴均陶堆花装饰的产生还是起到了一定的影响作用。

二、宋代始于日用陶堆贴

古代宜兴地区烧造青瓷的历史在五代十国时期基本结束。南唐灭亡后，以浙江余姚为中心的吴越官窑乃呈极盛时期，它在胎釉、造型、装饰和烧成方面都远远超过宜兴的窑场。再如宋元之间的婺州窑产品《黑釉螭龙纹堆塑罐》（如图9），螭龙整体保存完整，龙嘴怒张追日，装饰感强。

图9 黑釉螭龙纹堆塑罐 宋元

宋代开始，宜兴地区以生产日用陶器为主，直至现在仍是宜兴制陶业的主流，其生产的日用陶器器皿在长江中下游人民的日常生活中占有相当的地位。有缸、鬶、瓮、罐、坛、砂锅、煨罐、金鱼缸、花盆、陶器台凳等众多品种，用于酿酒、制酱、腌制鱼肉果蔬、贮藏食物、浸种育苗、养鱼观赏、烤火取暖等等，用途极广。

在宜兴丁蜀地区，由于古今窑址重叠，加之近年来废弃龙窑，改建隧道窑，所以宋代的窑炉遗迹已难于寻觅。但从少数几处的废品堆积来看，均以烧造缸类为主。今西

图6 青釉水波纹四系罐 东汉　　图7 越窑青瓷鸟形杯 西晋

渚乡所在地附近还有缸窑湾的地名，出土有垫烧大缸的窑具，如带有锯齿形的环状大型垫座，说明该处生产缸类已有相当长的历史。当时，堆花装饰的手法已开始运用于较大型的日用陶器器皿上，如荷花缸、金鱼缸、龙缸等。

现在，宜兴陶瓷博物馆中陈列着一件宋元时期的堆花罐，该作品是一件比较完整的具有宜兴当地工艺特色的堆贴装饰作品，坯体上装饰有绳纹捏塑和浅雕状的花草，这应该是宜兴地区现存的陶器上最早采用堆花装饰的产品。

三、明清时期技艺趋于成熟

明初开始均陶堆花工艺逐步提高，堆贴装饰的画面越来越讲究工整，有的堆花大缸外壁堆贴荷花、菊花、梅花、牡丹花，枝叶穿插，线条优美，改变了宋元时期生涩、呆板的堆贴手法，花朵采用白泥，枝叶和边框仍采用本色泥，釉色呈青色略带微红，光泽莹润。那时，堆贴的图案非常简练，堆贴的线条手法运转流畅圆润（如图10），罐身表面上的长泥条是采取一种叫作"压筒"的工具完成的。这种"压筒"用竹节制成，一头空一头实，节头侧面开一小洞，木制压杆。在压筒的一端塞入适量的泥料，然后用压杆朝里挤压泥条，泥条就被均匀地挤出并粘在坯体上。最后用大拇指的侧面一个指印一个指印地按压，就形成了上下边框的直线条纹样。也有的大缸中画面边框是将泥条捏制到坯体上，然后用木制或竹制的工具将泥条粘接处抹得光滑，最终呈现出挺拔的边框线条。当时画面上的花朵是用模印的方法制成，然后贴在坯体上，叶子采用大拇指直接堆贴而成。从技法上看，较宋元时期大大前进了，但是大拇指的运作还只占了少量的一部分，其堆贴指法还没有发展成熟。

到了明代中晚期，宜兴均陶堆贴装饰才逐步走向成熟，堆贴手法上采用白泥，加强了画面的对比，并出现了将嫩红釉专用于堆贴装饰，从而使堆贴画面更显现夺目。堆贴艺人事先将坯体表面刮光，然后用右手大拇指将细软的白泥抹压在器物的坯体上，形成了摊、撕、扰、行等多种指法。另外还会运用竹片、木头、牛角制成的各种小工具对堆贴画面进行装饰。

再到清初，采用堆贴装饰的宜兴大龙缸开始进入宫廷。《宜兴县志》曾记载："顺治十一年（1654年）……汤渡林十万受旨烧造御器……造出了大龙缸……"由此可见，当时的堆贴装饰工艺已经相当成熟。康熙年间（1662—1722年），堆贴陶器的品种日益增多，花缸类有花缸、龙缸、寿缸、荷花缸、金鱼缸等；花绿缸类有龙四石、龙三石、小龙三石、龙申放、腰元缸等；花坛类有洋坛、龙坛、粮坛；其他有罗盘、挂盘等。堆贴的画面不仅有人物、花草、龙凤、走兽，而且有书法、款章，堆贴的手法洗练，追求形似（如图11）。雍正六年（1728年），景德镇御窑督办唐英特地到宜兴窑场观察大龙缸的堆花和烧造的技术，并采办样品运回景德镇仿造。乾隆、嘉庆时期（1736—1820年），葛窑创烧可以加锁的"六方圆形堆花锁坛"，该坛的腹部圆框内堆贴牡丹，其余部位堆贴各式花卉图案。这种堆花形式俗称"满花"。光绪年间（1875—1908年），宜兴窑场相继出现从事堆花的艺匠，或子承父业，或拜师习艺，艺徒先行习练书法、绘画等基本功，使大拇指堆花技艺日益精进。堆花手法多样，主要有搓、揿、撩、贴、撕、抹、叠等，画面的浓淡、疏密、主次一般靠腕力调节，细微处运用小工具修饰，也配合使用刻花、镂雕等装饰手段。此时的堆花装饰更注重意趣和神韵，具有较强的艺术感染力。

图10　均陶堆花罐　明代

图11　均陶堆花罐　清代

四、民国时期产品畅销国内外

民国五年（1916年），宜兴名匠戈根大首创抽角四方和六方金鱼缸，由堆花名手葛宝林采用墨蓝、天蓝、铬绿、嫩红等多种色泥堆绘出不同层次的画面，并镶嵌扇形装饰，使缸体的造型和装饰风格新颖独特（此金鱼缸获上海首届国货展览会特等奖）。

民国六年至十九年（1917—1930年），堆花艺匠鲍六芝自制数十种专用工具应用于堆贴工艺。他所堆贴的"八骏图"，采用木蓖梳刷马鬃、马尾，使骏马栩栩如生，纤毛毕现。平时他还十分注意揣摩金鱼悠悠游动的神态，堆贴的金鱼出没于水草丛中，姿态各异，形神兼备。

民国时期，堆花陶器声誉日隆，畅销于江苏、浙江、安徽、山东、河北等省，并出口日本、东南亚和欧美各国。堆花纹样形式更加丰富，人物画面栩栩如生（如图12）。

图12 均陶堆花缸 民国

五、新中国成立后技法丰富

1949年新中国成立后，堆花作为宜兴均陶的重要装饰手段，其工艺发展更为成熟。如堆花用的白泥，开始采用化工色素掺和配比，有红、绿、蓝、赭、紫、黑、鹅黄等色。操作手法有色泥堆贴，也有色浆喷涂，主要生产龙缸、金鱼缸等大件堆花陶器。20世纪50年代左右，开始制作陶台、陶凳；60年代，又有花盆、水盆、水底等器投放市场，产品还远销至英国、日本、澳大利亚、东南亚国家以及我国香港地区。除了龙缸、龙坛、金鱼缸等，新的堆花画面大量采用《红灯记》等样板戏的人物题材，仅有少量作品堆贴花草图案。

80年代以后，堆花陶器除了器形多样外，还讲究色釉、色泥、化妆土相结合的综合装饰手法。堆贴画面主要有两

大类：一类是单纯的纹饰，如龙凤、夔龙、云龙、云雷、回纹、海涛纹等；另一类是花鸟、山水、人物故事为主题的图案（如图13）。

1985年，宜兴红星陶瓷厂（现宜兴均陶工艺厂）的领军人物李守才在传统堆花"平贴法"的基础上，独创了"半浮雕"与"立体浮雕"堆贴法，使均陶堆花突破了原先仅作为陶器作品上点缀装饰的局限性，提升了均陶堆花艺术的审美价值和文化内涵。最具代表性的作品就是位于无锡锡山公园的大型"九龙壁"（中国四大九龙壁之一）（如图14、图15），壁长27米、高2.7米、厚1.2米，由144块堆贴画面拼接组合而成。这在当时是项难度极大的工程，按理来说，需要4个人耗时8个月才能完成，而李守才一个人仅用半年时间就大功告成。壁面上九条彩龙形态各异，以高浮雕及累雕立体堆贴的手法制成，最高部位高出壁面20厘米。每当朝阳升起，九条巨龙在云海碧波中翻腾角逐、神态灵动、色彩富丽、气势磅礴。

图13 百子千秋缸 现代（周国新）

图14 九龙壁（局部） 现代（李守才）

图15 九龙壁（全图） 现代（李守才）

到了90年代，李守才又创造了"镶线露胎"堆花工艺，既写实又夸张，既写景又抒情，既有浓郁的生活气息，又有明显的装饰意味，表现出一种柔和明快的美感。比较典型的作品有《富丽堂皇》《群欢》等。后来，堆花工艺上又吸收了传统文化与民族艺术的养分，如蓝印花布的工艺特征、磁州窑刻划花的装饰技法，大胆采用大写意与工笔相结合的指法，平贴法与泥绘相结合的表现手法等等。

进入21世纪之后，现代堆花工艺在继承和发扬传统特色的基础上，不断采用新工艺、新技术，推陈出新、厚积薄发，制作了更多的精品力作。宜兴均陶工艺厂生产的一对大型均陶四方特奎签筒瓶，高达2.8米，堆花画面由水榭、龙亭、山水组成，风格高雅古朴，浑厚苍劲，具有鲜明的地方特色。另外还有大型的书画缸、大型镂花头瓮以及各类坛罐陈设器等，堆花艺人往往会采用多种技法相结合，使堆贴形象更加传神、更为丰富。

纵观历史，宜兴均陶运用了大拇指徒手堆贴技法之后，彻底改变了传统木模印花、工具刮制的弊端，呈现出厚薄、虚实的立体视觉效果。今天的均陶堆花创作，在继承传统技法的基础之上，又借鉴吸收了木刻、砖雕、石雕、剪纸、皮影、刺绣、玉器、漆器、青铜器等其他工艺的表现手法，通过堆花者的大拇指在坯体上淋漓尽致地点染涂抹，一件件灵动传神的堆花作品便见证了宜兴均陶艺术的魅力。

第三章 均陶堆花工艺的艺术特征

宜兴均陶是极具地域特色的陶瓷艺术，其精湛绝妙的"堆花"装饰工艺更是举世瞩目。

均陶堆花工艺是民间传统工艺的绝活，仅宜兴地区独有。均陶美在釉色，流光溢彩，赢得"灰中见蓝晕，艳若蝴蝶花"的美称；而均陶的堆花装饰手法更是风韵独具、特色鲜明，可谓"冠绝一世，独步千秋"。由此，宜兴均陶因"均釉""堆花"著称，与宜兴"紫砂"并称为"陶都三宝"或"宜兴三绝"，足见其艺术魅力。

第一节 均陶堆花工艺的概念

宜兴均陶堆花工艺，当地人俗称堆花或贴花，早期也叫扒花，现代人也称为大拇指泥画等，是一种历史悠久的陶瓷装饰技法，具有浓厚的民族文化底蕴和鲜明的民间艺术风格。

均陶堆花工艺一般指采用异于坯体本身的浅色泥条（白泥）在深色的坯体表面，用右手大拇指堆贴出各种纹样。形象地说，堆花工艺是以大拇指为笔，以五彩色泥为墨，以陶器坯体为纸来作画，因此被称为"大拇指泥画"。

宜兴均陶堆花工艺是一种纯手工的陶瓷装饰技法，它凭借堆花者日积月累的大拇指功力，不借助模具、不使用泥浆，而仅凭大拇指的运动将泥条抹压固定在坯体上。注意堆花制作过程中，手腕一定要灵活带动大拇指的堆贴方向，通过"搓、摊、撕、揿、抹、堆、扰、行"等多种基本指法，也可配以"捏、塑"等辅助手法，将泥条堆贴成所需的图形。最终在陶器坯体上塑造出具有一定立体感的装饰纹样，如花草树木、山水云石、飞禽走兽、人物场景等等，画面效果无不惟妙惟肖、形神兼备。

第二节 均陶堆花工艺的特色

"堆花"工艺是宜兴均陶特有的装饰技法，通过历代艺人的传承创造，可用"卓越"或"卓绝"来形容，在陶艺界可谓独领风骚、自成一脉。其装饰特点"不似浮雕、胜似浮雕""不似写意、胜似写意"，深受世人的喜爱。

宜兴均陶堆花工艺之所以独具特色，就因其大拇指徒手堆贴的奇妙之处。这种纯手工方式的堆花技法有其独一无二、不可复制的工艺特性与优势，与其他陶瓷产区的堆贴技法明显不同，有着特殊的意味和风韵。堆花者的"大拇指"非常灵巧，一抹一捺随着指尖舞动，多种指法相互交融，转眼间一幅幅精美绝伦的大拇指堆贴画就呈现于观者面前，花鸟虫鱼、飞禽走兽、山水人物、亭台楼阁……看似简单实则不易，看似随心所欲实为精心布局，没有勤奋刻苦的精神、日积月累的功力，绝对达不到炉火纯青、技艺娴熟的境界。施釉烧成后，构图讲究、疏密有致，画面清晰、层次分明、线条流畅、意蕴天成，呈现出立体生动的半浮雕状态，形成简洁明快、生动灵秀、泥韵传神、意趣畅然的陶瓷装饰艺术风格。真可谓是"胸中有丘壑，拇指如有神""拇指堆出大景致，指尖点出龙虎睛"，具有极高的艺术价值和审美趣味。

传统堆花作品中最具典型的当属龙凤纹样，画面中龙飞凤舞、栩栩如生，与陶器造型浑然一体。现在，堆花创作改变了传统题材的俗套呆板，更加注重创意创新，堆花纹样更是形式繁多，植物、动物、人物、风景等层出不穷、应有尽有，赋予了堆花作品的艺术生命，炫示着宜兴均陶的艺术成就。随着堆花技法的日益成熟，大拇指堆贴画的意韵更足，挥洒自如中充满了泥性、泥气和泥韵。

第三节 均陶堆花工艺的艺术特征

天有时、地有气、材有美、工有巧，合此四者，然后可以为良。就是说，顺应材料的特性，符合功能的需要，才能成为良器。

宜兴均陶堆花工艺经历了漫长的发展历程，逐渐形成了自身的艺术特征，其浓厚的江南地域风格、民间工艺特色尤为引人注目。宜兴均陶堆花艺术同其他民间装饰艺术一样，具有天然的材质美、精湛的技法美、朴素的风格美等等，这种优美清新的艺术风格值得我们借鉴和学习。

均陶堆花工艺植根于民间，是宜兴土生土长的艺术，有着顽强的生命力。千百年来堆花装饰不断汲取民间艺术的营养而发展成熟，采用宜兴当地特有的白泥（适合堆花的泥料），完全运用手工操作，保持着纯手工制陶的特点，清晰可见指纹和指法，显示出材料和技术所具有的情趣和韵味。大拇指的运用充分表现出泥料的可塑性，泥料的属性和气韵充满了人情味和创造精神。通过艺人们巧运匠心和生活经验的积累，大多运用写意的手法，挥洒自如、点染成趣，形式多样、风格万千，或自然淡雅，或豪放大气，体现出朴实而率真的艺术品位。

一、独特的地域风貌

宜兴位于苏浙皖三省交界之处，东部濒临浩瀚太湖，南部依托丘陵山区，是物产富饶的江南鱼米之乡。盛产得天独厚的陶土原料和竹木薪炭，为制陶业的发展储备了有利条件；地貌环境优美、社会经济发达、文化底蕴深厚也是促使宜兴均陶艺术发展的重要因素。宜兴也是教授之乡，各界名人雅士对当地文化、民间艺术非常重视，使得均陶堆花工艺日益彰显出江南地域独有的艺术特征。

明清时期的江南，除依靠原有富足的粮食生产外，其他的经济作物如养蚕、种桑和种植棉花等，都大大增加了农业的收入，并替手工业提供了充足的原料。经济基础与明清江南的文化发展，有着不可分割的关系。宜兴均陶堆花工艺也适时地调整自身的艺术风格，以描述市民及现实生活，迎合市民消费的陶瓷作品便陆续出现，扩展了自身的市场。因此，到了明清时期，宜兴的均陶堆花装饰开始逐步发展起来，堆贴手法越来越工整细腻，装饰题材日渐丰富，装饰工艺越加纯熟，进入了鼎盛时期。加之长久以来江南润秀的景色，崇尚工整秀丽、清新淡雅的风格，影响着江南艺术文化的面貌，所以宜兴均陶虽然都是一些粗陶器皿，但是我们也能从中嗅出些许儒雅的味道。可以说到了明末清初，宜兴均陶堆花工艺才完全形成了具有江南韵味、独特的白泥薄贴技法。

二、天然的材质特性

材质是陶瓷艺术的一大优势，陶瓷是以天然的黏土与矿物质为原料，经过配料、成型、装饰、施釉、干燥、烧成等工艺流程才能成器。它的审美属性包括物理、化学的性质和自然色泽、纹理等，不同的材料呈现出各自特殊的材质美。宜兴陶土资源丰富，均陶的主要原料就是陶土，按其性质、性能、颜色,可分为白泥、甲泥、嫩泥三大类。

1. 白泥

白泥是以灰白色为主色的粉砂质黏土。白泥在精淘后用作堆贴泥,其质地细腻、轻柔,给人一种亲近温和的感觉。白泥色白,与制作坯体的泥性接近,只要掌握好堆贴时的干湿程度,就不会出现开裂的现象。

2. 甲泥

甲泥是一种紫色或灰紫色的硬质骨架泥岩,按产地分为本山甲泥、东山甲泥、西山甲泥等。甲泥泥质较粗,含砂粒较多,泥的立性好,坯体干燥与烧成时收缩率较小,烧结温度范围较宽,多用来制作大型的器物,如大缸等,因此常被称为大缸泥、大缸料。暗红色或黄色的大缸料,富有生命的粗犷与率真,给人一种朴实自然的感觉。

3. 嫩泥

嫩泥也称为黄泥,具有较高的可塑性与黏结性,成型性能及干坯强度良好,是均陶常用的结合黏土。嫩泥泥质较甲泥略细,含砂粒较少,常用来制作小件的器物,如花盆等。

4. 釉料

宜兴均陶,以釉彩绚丽著称于世。均陶是高温釉陶(烧成温度可达 1250℃左右),均陶釉色与其他陶瓷的釉色非同一般,其特殊的色彩肌理效果充满了梦幻般的视觉冲击力,所以丰富多彩的釉对于均陶至关重要。

釉,俗称釉药,也叫釉水。早在 4000 多年前,宜兴制陶者就开始在陶器上施一层红土浆作为装饰。历史上对均陶色釉贡献最大的是明代的欧子明、清代的葛明祥,各种色釉中以"灰蓝釉"最为名贵,有"灰中有蓝晕、艳若蝴蝶花"的美誉,为均釉一绝。它是用宜兴南山的白土、太湖的土骨以及河道边富含金属元素的沉泥等为原料,并加入了一种含磷的石灰窑内壁上的凝结物(俗称"窑汗")。

均陶堆花作品通常使用高光泽釉,如嫩红釉、老红釉、金黄釉等,这些用泥土配置出来的土釉,可以突显堆花纹样的艺术效果,给人古朴、厚重、大气的感觉,有种古色古香的独特韵味。

均陶的泥料、釉料,都取自宜兴本土,有其自身的材料特性和自然属性,这种朴素、真诚的自然品格正是陶艺最基本的语言和内涵。

三、精湛的工艺技法

工艺与陶瓷装饰的关系是非常密切的,它不仅影响或形成了一定的装饰形式,而且工艺方式有时本身就是一种装饰形式,具有美的意味。因此,工艺美也是宜兴均陶堆花的一大艺术特色。

宜兴均陶堆花主要借助腕力带动右手的大拇指进行贴绘,因此被称为"拇指艺术"。贴花艺匠以指为笔,以坯为纸,以泥为墨,在娴熟的工艺基础之上,既能达到大笔的挥洒自如,又能有小笔的精雕细琢,功夫可见一斑。另外,艺匠们性灵相异,指头风格各富意趣,非常耐人寻味。由此可见宜兴均陶堆贴装饰重在指法的运用,就像中国画注重用笔一样。毛笔有大号、中号、小号,有硬笔、软笔之分。大拇指则利用拇指的前端、指中间、指侧面,靠不同的力,或轻或重、或缓或急、或顿或挫、或收或放、或虚或实,可谓变化无穷,达到像国画一样墨分五色的效果。当然这需要若干年的苦练才能运用自如,得心应手。

《中国艺境之诞生》中描述到:心灵手巧的宜兴堆贴花艺人,以心灵映射万象,以大拇指而立言,深谙泥性,在长期的反复实践中领悟出既适合泥性又不失水墨丹青味的工艺表现形式——大拇指堆贴技法。表现出主观生命情调与客观自然景象相互交融、鸢飞鱼跃、活泼玲珑、渊然而深的艺境。

四、浓厚的民间意味

宜兴均陶堆花作品最初产生于民间,装饰的器形都是民间广为流行的,并与劳动者朝夕相伴的极为平凡的生活用品,如水缸、面缸、花盆、酒坛等,在器物本身满足基本功能需要的基础上进行的装饰美化,使器物成为具备一定审美意义的民间艺术品。虽然在其中有龙缸作为进贡产品进入到皇宫,但是仍不能改变它用于民用的初衷。

可以说,宜兴均陶堆花工艺反映的是更接近物质生活的下层文化。有了来源于生活的创作源泉和真实情感,艺人们发挥个人所长,将宜兴均陶堆花工艺的装饰技法不断创新,表现出写意自然、兼堆带贴的技术特点,形成了大俗中透着大雅、充满田园牧歌情调的艺术风格。总体来说,诙谐幽默、清新朴实的民间民俗趣味是宜兴均陶堆花工艺的突出风格,也是最值得保留和发扬的艺术品格。

五、丰富的装饰形式

装饰本质上就是一个文化现象,装饰的产生是以人类文明和文化的发展为基础的,它本身便是文化的产物和文化的一种存在方式。宜兴均陶堆花装饰的器物在一定程度上反映了独具特色的民间陶器装饰形式。

器物装饰存在两个因素，一是纹样，一是装饰结构。欣赏均陶堆花作品时总会被其精美的纹样所吸引，却对它的装饰结构视而不见。但结构形式恰恰才是装饰美的前提。

宜兴均陶堆花工艺的装饰结构一般由正门、边门、旁门、口沿、底足五个部分组成。正门、边门、旁门分布在器物的主体部分，如缸体的腹部。当地人习惯叫作"门"，通常称之为"开光"。还有一种少见的形式，叫作"葵门"，它专指一种八方抽角大缸上的最小的开光面。正门即主要的开光面，塑造主要的形象；边门即次要的开光面，塑造烘托主体的次要形象；旁门是主、次开光面剩余的画面空间，一般用来填充画面空白。口沿和底足通常是以一种装饰补充画面的横带形象出现，它规定着装饰区域的大小而且也统一了整个装饰的艺术效果。

明代时期正门、边门、旁门的开光窗线比较立体，行线堆得比较高。到了清代末期民国初年，开光窗线做得越来越平整、光滑、圆润，人工的痕迹越来越弱。早期开光的窗线形状主要是如意形和方形，后来又发展出扇形、圆形。到了清代以后，圆形的开光面越来越多，逐渐取代了如意形开光面。开光面有四门、六门之分，与同时代的木刻开光较为相似。也有少量没有开光面的，仅在器物的主体上下两沿贴两条行线，规定出装饰画面的位置，就像是国画中的横幅。明代的开光窗线主要以方形和如意形为主，画面结构层次简单，开光面与开光面之间几乎没有什么旁门的装饰。主要的形象如人物、走兽放置在正门中，次要的形象如山水、花鸟放置在边门中。口沿和底足比较简单，通常是单行的绳纹行线或波浪纹行线。

清代以后，堆贴装饰的画面结构变得越来越丰富。首先是出现了旁门的装饰，使得装饰的层次更加立体。旁门的装饰比较随意，因为它是指在整个主要装饰面中除去正门和边门的部分，因此它的主要作用是补白，用来填充画面，使得整个画面看上去显得更加充实、热闹。所以旁门通常是"见空说话"，随意堆贴上与主题无关的各式花草、风景，造成满花的效果。边门则堆贴一些与正门内容相关却在时间、空间上相异的题材，与正门的堆贴内容产生戏剧性的对比，加强画面的戏剧冲突。其次是口沿与底足的处理层次越来越多样化。口沿由单行的行线变为双行，有的两条行线之间还有各种连续纹样进行装饰，有莲瓣纹、回纹、折线纹、圈纹。还有在这些连续纹样上继续进一步地刻画，如有的堆贴纹样上还印有松针纹、刻划花纹。底足的装饰带也越来越丰富，通常有莲瓣纹、卷草纹、云纹、

水纹的堆贴装饰。因此，可以看出宜兴均陶堆花装饰朝着"满花"的装饰结构一步步地丰富、发展。

形式多样的装饰结构也影响着堆花纹样的变化，章法布局上借鉴国画中的立轴、横幅、手卷、扇面的构图；形象追求以写实为本，以写意为末；指法讲究国画的笔法，逐渐从呆板的堆塑向灵动的堆贴发展。并加入图案的艺术语言，做到"见空说话"，无所谓纹饰是否合乎情理，只要画面需要就大胆填充。例如，在堆花装饰的早期作品中最常见的如游鱼状的撕泥线，艺人们用这种抽象的符号表现出丰富多姿的自然景象。有时它是莽莽野草，有时它是滚滚波涛，有时它是熊熊烈火，有时它又是阵阵微风。这些看似随意实则用心的泥线组合，像游动跳跃的音符调节着画面的气氛，使得画面的整体结构更为跌宕起伏、气韵生动。

堆花者通过纹样与装饰结构两方面对器物进行装饰，使装饰的风格由呆板、拘谨、简单变得老辣、生动、丰富，并朝着工整、细腻、饱满的方向不断向前发展。堆贴技法还与刻划花相结合，在局部的细致刻划中展示了丰富的细节。

六、广泛的题材特征

宜兴均陶堆花装饰的题材非常广泛，涉猎人物、风景、花鸟、走兽等范围，是艺人们结合经验常识与自己的所观所想创造出来的。在不同的时期，受到整个社会风气的影响和其他姐妹艺术的影响，堆贴装饰的题材也具有不同的时代特征，它涵盖了戏文、神话传说、宗教、话本小说、祥瑞图案，以及政治、生活等多种为民众所熟悉的题材类型，表达了中国民众的审美习惯和民间艺术的造型特色。

日常生活中司空见惯、耳熟能详的事物，通过收集、整理、归纳、提炼，都可以创作成堆花纹样。如戏文类题材的作品"狸猫换太子""苏三起解"等这些为民众所熟悉的戏曲剧目，更容易被人接受，"画中要有戏，百看才不腻"，大大满足了人们对戏曲的喜爱和审美情趣。

神话题材中经常出现的是"八仙过海"。八仙是老百姓喜闻乐见、脍炙人口的题材，八仙在中国民间传说中分别代表着男、女、老、幼、富、贵、贫、贱；而他们所持的笏板、扇、拐、笛、剑、葫芦、拂尘、花篮等八件物品被称为"八宝"或"暗八仙"，也是常见的吉祥图案，被广泛用于堆花作品上。

宗教题材多见于具有特定功能的器物上，如为僧人制作的"寿缸"。民国时期，常州天宁寺主持僧曾订购一件

抽角八方堆花寿缸，由名工杨耀生承制。杨耀生采用色泥在八角抽角处堆贴"暗八仙"，八方堆贴"明八仙"，上盖堆贴"四大金刚"，并辅以琪树瑶草、飞禽走兽，结构严谨，布局合理，人物形态各异，形象生动自然。

小说题材的堆花作品以明清时代文学作品中的人物或场景为主，常见的有《西游记》，据说还有《金陵十二钗》和《水泊梁山一百单八将》的堆贴大缸，20 世纪 90 年代被东南亚收藏家收购流失海外了。这类题材的产生与明清市民文学的繁荣关系密切，受到老百姓的普遍欢迎。

祥瑞图案的堆花作品不受时代的局限，是宜兴均陶堆花装饰的主流。它表现了人们对理想和愿望的追求。大部分内容都是吉祥、富贵、求生、辟邪等，而且通常用一种喻义性的物象来表现这种理想。如，鱼磐表示"吉庆有余"；葫芦表示"万寿绵长"；喜鹊、梅花表示"喜上眉梢"；鸳鸯、荷花表示"夫妻和气"；鸡和羊寓意吉祥；牡丹和芙蓉寓意富贵；莲花石榴象征求生；五毒意在消灾辟邪。这些比喻、谐音的手法是一种艺术语言，如果平铺直叙，就会使人感到平淡乏味，收不到好的艺术效果。龙、凤、麒麟这些传统文化中的瑞兽在宜兴均陶堆花装饰中也是经常出现的题材，麒麟造型多借鉴狮子，通常表现的是"麒麟送子"等含有祝福意愿的典故。龙凤象征着富贵吉祥、飞黄腾达，作品受到大众的普遍喜爱。

政治题材的作品出现在特定的历史时期，如：宜兴陶业生产社出品的《庆祝中华人民共和国成立周年大庆》的堆贴瓮；"文化大革命"时期的《农业学大寨，工业学大庆》的堆贴大缸；新的堆花画面大量采用《红灯记》等样板戏的人物题材；1972 年红星陶瓷厂（宜兴均陶工艺厂）为朝鲜民主主义人民共和国主席金日成的 60 寿辰承制均釉成套大花盆等。这些作品反映的是欣欣向荣的工农业生产或五谷丰登的丰收景象，具有较强的政治寓意。

生活题材的堆花作品就更多了，以家禽、家畜、花卉、蔬菜、山川、河流为表现对象的堆贴画面，展现出民间、民俗的生活趣味，令人回味无穷。有符合人们传统审美习惯的"春兰秋菊""凤穿牡丹""蝴蝶喜竹""松鼠吃葡萄""秋菊蟹肥"；也有说不上名堂的花鸟组合、风景组合、家畜家禽组合，如鸡、鸭、鹅、兔、猪、牛、马、鹿等等，这些看似平凡却带有浓郁生活气息的事物，在堆贴者灵巧的大拇指运作下幻化成形态各异、耐人寻味的装饰纹样，给人无限美好的享受，不禁赞叹堆花工艺的出神入化。

第四章　均陶堆花工艺的表现技法

均陶堆花工艺是用于装饰均陶器物（或各种坯体）表面的一种技法，是用大拇指把异于坯体的泥料，堆贴在陶器表面形成类似浅浮雕效果的图案或图形的一种装饰手段。这种堆贴装饰，技巧性很高，是继承了传统的堆塑、印纹、贴花等工艺，经过历代艺人的不断创新、完善，并综合各种技艺，而形成的有其独特艺术语言的陶瓷装饰技法。

第一节　均陶堆花工艺的堆贴指法

宜兴均陶堆花工艺是以手指为工具，徒手在陶器表面进行装饰的技法，因此它的工艺性、装饰性、特殊性就在于它与众不同的堆贴指法，十分讲究方法与技巧。

堆贴指法的形成与发展，跟手的灵活创造是分不开的。手是人类的器官，手的运动受大脑和心灵的指挥。通过手的辛勤劳作，当人手与坯体亲密接触的瞬间，人的意念心智，对自然的感受、对社会的感悟等各种奇思妙想，都流畅地抵达坯体的表面，使得器物体现出人的情感，并赋予了文化内涵。俗话说"十指连心""心灵手巧""得心应手"，可见手的运用是"心"在起作用。宜兴均陶堆花工艺的独特指法，正是由于当地民间艺人别出心裁的创造，在手与脑的共同作用下，堆贴技法才逐步从简单趋向复杂、从粗糙走向精致。

大拇指就是堆花者的最佳工具，然而手工艺人之间的个体差异是必然存在的，每个人的大拇指形状不同，在一定程度上可能会影响堆贴指法的运用。如有些人大拇指的指肚又宽又平，而且向后弯曲的程度大，必然能够控制较多的泥量，堆贴出的画面更结实厚重些；相反，有些人天生大拇指的弯曲程度有限，且指肚不够宽、平，导致大拇指控制的泥量有限，所以堆贴的指法往往做不到位，堆贴出来的画面效果相对就会差一点。因此，以前的老师傅在选徒弟时，会先看看徒弟大拇指的形状，来了解他们是否有做堆花的天分。

一、捏法

堆花，第一步就会用到"捏"。一般用右手的大拇指与食指，从贮存泥料的盘里（或其他贮存器皿），把需要用的泥料捏一块或一团，传给左手，两手掌心相搓，把泥块搓成一条圆棍形后，握在左手指尖上（如图16），接着付泥给右手（如图17），右手大拇指便可以操作堆贴了。注意堆贴过程中会出现各种捏法：有粗捏、细捏、捏大、捏小、捏扁的、捏方的、捏长的、捏短的等各种捏法。也有把各种颜色的泥料以绞泥的形式捏在一起使用的方法。

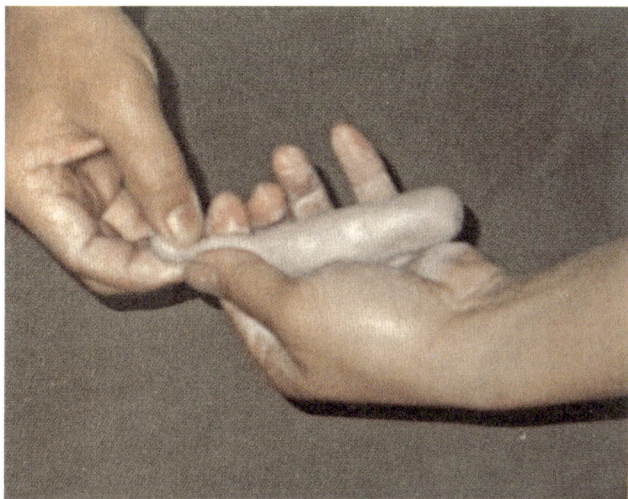

图16 捏法一

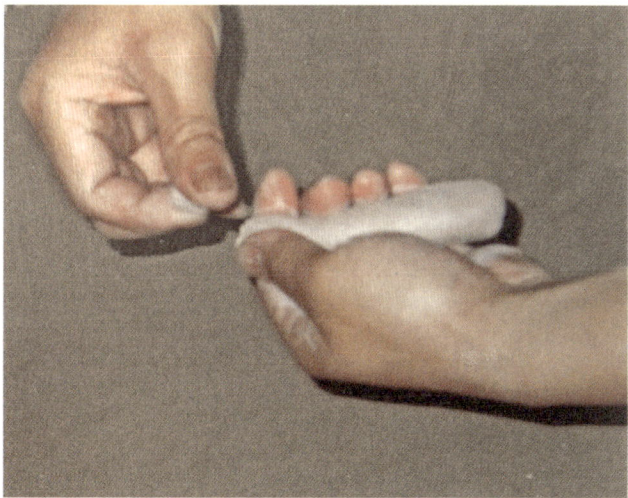

图17 捏法二

二、搓法

"搓"在画面中出现以线为主，似工笔的勾线，与工笔不同的就是它的泥画效果不同，它一般没有染色的手法。有时像白描的勾线手法，有时单用带有色的泥料搓成线条。它的用线方法与国画方法、剪纸方法、木刻方法都有区别。可以说这是大拇指泥画具有个性的一个方面。如堆贴一只工整的鸟，先打好底，然后再在上面一层一层搓成线条贴

羽毛，这方法与国画顺序相反，即从被遮住的羽毛开始贴。如堆贴工整手法的龙，它的触须、胡须等也都是搓成线条，堆贴而成的。如堆贴工整的松树，它的松针（松叶）很细很匀，也用搓线条的方法堆贴而成的。这种方法十分耗时，因为松针量特别多。其他还有好多搓的手法：搓粗、搓细、搓长的、搓短的，搓一头秃一头尖的、搓橄榄形两头尖的等。

搓：用大拇指与食指捏一粒泥，常用右手食指和中指，在左手心，搓成线条状，如树枝、花茎等（如图18、图19）。用大拇指把搓成的线，往胚体画面中揿、摊、匀成各种线条的图案，如用很细很长的线条堆贴成水纹、云纹、虾脚、鸟脚等，这是很见功底的手法。

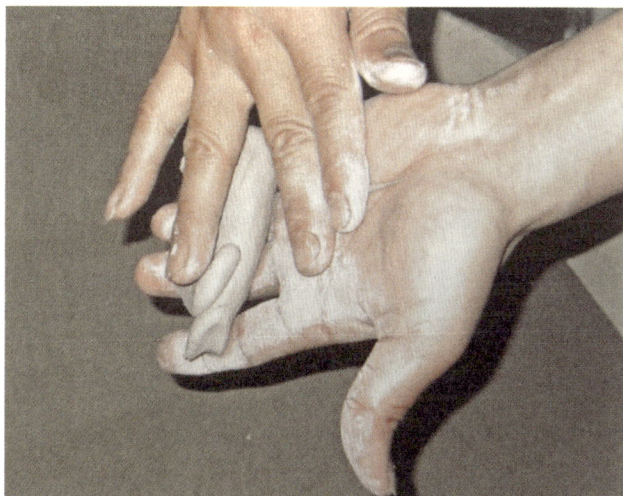

图18 搓法一

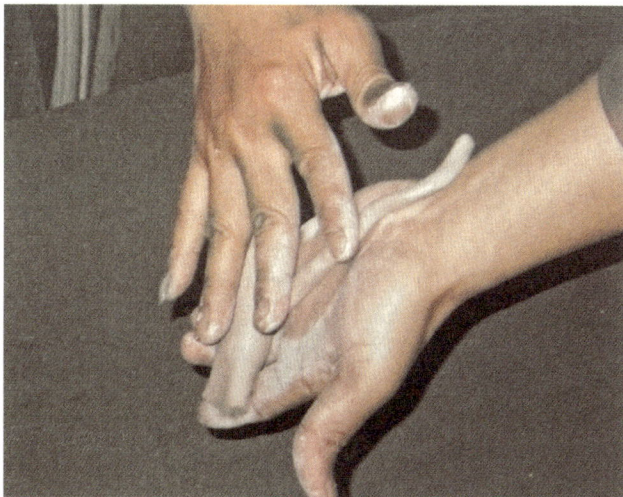

图19 搓法二

三、捻法

几乎每笔都用到"捻"这个手法，捻就是用大拇指和食指、中指三个手指（如图20），或就用大拇指和食指两个手指捻一粒泥，捻成像米粒形状的，堆贴龙鳞、薛、树皮等。堆贴团云、扁担云、平龙、叶瓣、大小圆点、龙眼珠、鸟眼珠等，许多泥粒都通过捻的手法。

有的揿一两下，有的揿数下，揿的作用是相对固定泥团的位置，使下一步容易操作。也有其他揿法：如堆贴龙须、凤尾、树枝，需要搓成长的线条左手拿好，配合右手大拇指从一头开始一点一点往坯体上揿（如图22），揿到整个线条相对固定，再用其他手法去彻底完成最佳形状。如完成一幅比较大的画面，那就会用相当多的揿法。

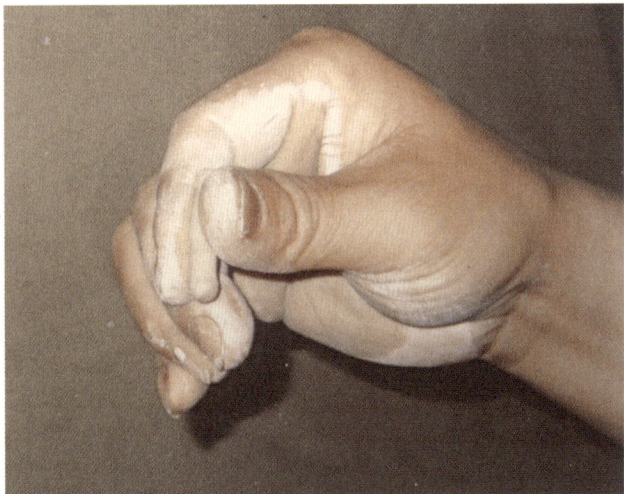

图20　捻法

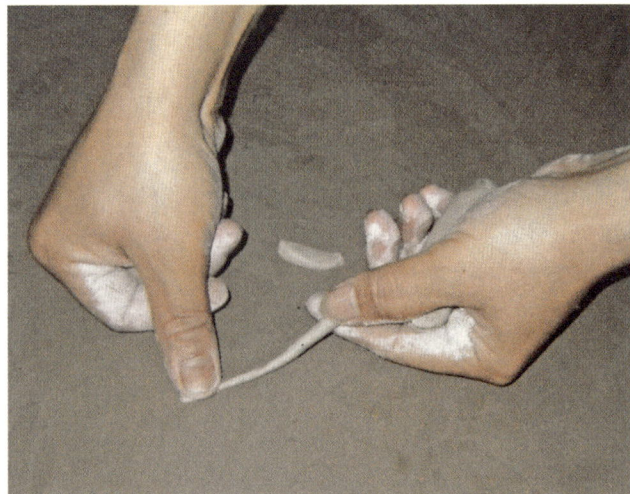

图22　揿法二

四、揿法

单用大拇指，把捻好的形状各取所需，"揿"到该堆贴的位置上去，进行堆贴（如图21）。

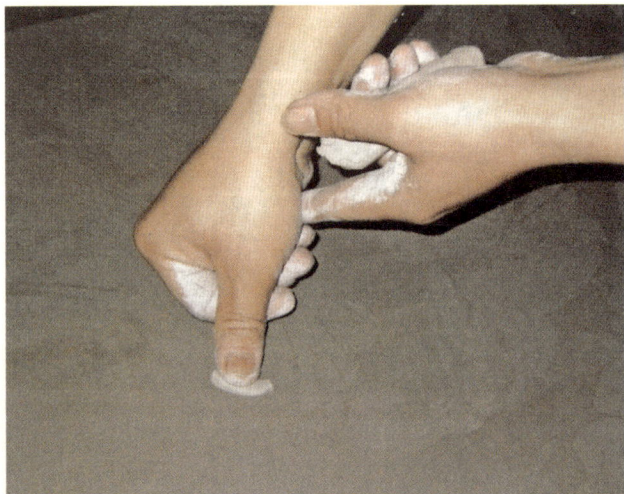

图21　揿法一

五、摊法

"摊"，宜兴地方话叫"泥"。此法在写意画面中使用最多，即所谓"摊功"。先用大拇指与食指（食指只是配合一下）捏一粒泥，大小根据画面的要求而论，从米粒大小到橄榄大小不等。用右手大拇指（一般只用右手大拇指）按到坯体的画面中去，用大拇指第一节三分之二处，在泥粒上左右上下慢慢把泥粒摊开（如图23、图24）（注意不能一下子就摊开），形成中间薄、边上厚的特色，看上去饱满、滋润、均匀（此功夫在行内术语叫"玉气"）。好比国画中的"墨气"，这里把它就看作"泥气"。要把摊功练就有神韵，不是一年半载，那是要花大工夫的，还要因人而异。

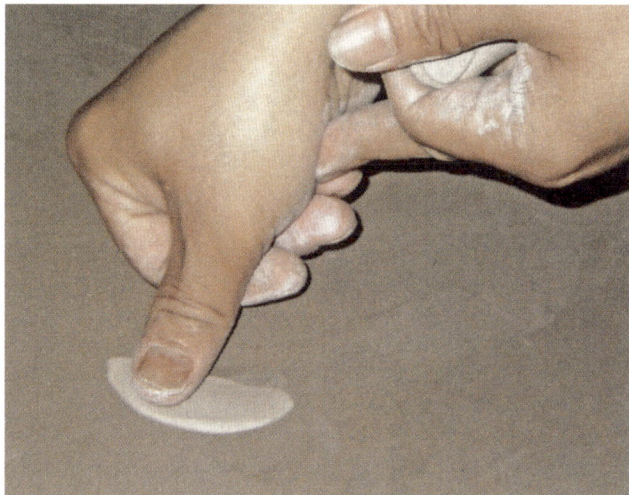

图23 摊法一

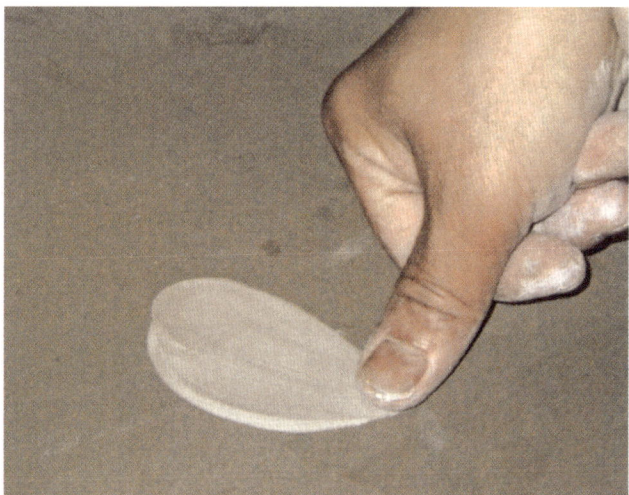

图24 摊法二

成墨的五色——焦、浓、重、淡、清的效果。因指法的变化，表现出粗、细、宽、窄、长、短、厚、薄、尖、秃、直、弯等效果。同时能表现出或刚健、或厚重、或浑朴、或稚拙、或潇洒、或简淡、或劲疾、或滞湿、或淋淳、或酣畅、或淹润、或苍莽、或飘逸等各种不同审美效果。撕的技法，常表现的有云、水、雨、须、毛、叶、蟹爪、龙爪等。

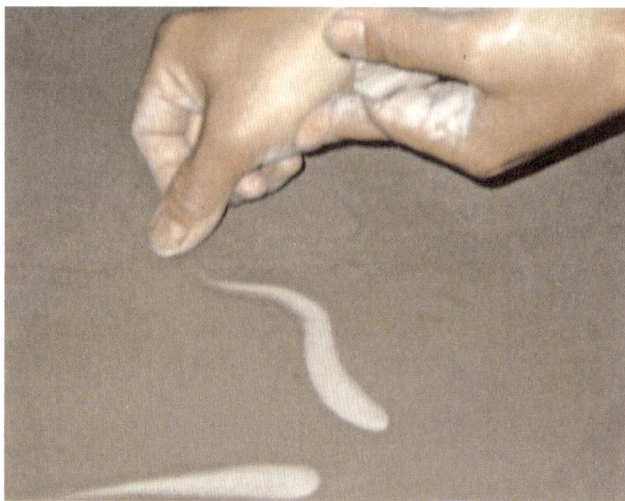

图25 撕法一

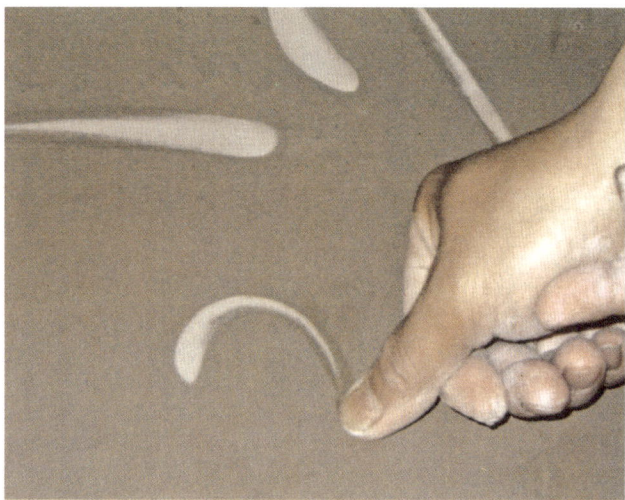

图26 撕法二

六、撕法

宜兴地方话有的把"撕"叫作"哼"（如：请把这个东西撕开，就叫作哼开）。这也是传统手法里叫惯了的一个关键手法，在堆花这门传统艺术门类里面有着重要的地位。

所谓撕，首先捏一粒泥，在坯体上相对揿紧，一般是用大拇指的三锋（所谓三锋就是大拇指正前锋，也可以比作中锋；还有大拇指的两边，即两侧锋；偶然也会用到卧锋）由一个方向，向另一个方向撕去，可撕向四面八方（如图25、图26）。这要看制作者的功力，如果技艺熟练，那就能发挥自如、得心应手。撕的时候掌握快、慢、轻重，需要露锋，或是藏锋、散锋、聚锋的效果。一笔出去能形

七、扰法

"扰"是很传统的民艺派典型的一个手法。扰法一般用于图案中的扁担云、鸟的翅膀、鸡冠花等。这一传统手法很夸张，表现了图案精神，有线条美、抽象美、立体美、

个性美。扰这个手法要多练，要掌握过硬的手法才体现出
它的精神来。做到扰出来的花纹不起毛、光滑、立体感强，
也就是做到行内常说的术语有"玉气"，一笔过去要做到快、
慢、疾、徐、顿、挫、轻、重等（如图27、图28）。借用
鲁迅先生评顾恺之"写意"画的妙语那样"以形写神""迁
想妙得""思侔造化""物与神会"，做到"紧劲联绵，
循环超忽，格调逸易，风趋电疾"，很有"写"的味道。
用张彦远语"意存笔先，画尽意在，所以全神气也"来评
价我们历代大拇指泥画艺术大师们的这一指法也不为过。

八、摞法

"摞"是用大拇指把泥粒重叠起来：如花瓣、云瓣等
（如图29、图30），一般需要面积大一点，比较厚点的，
一层加一层，甚至可以加上许多层次。

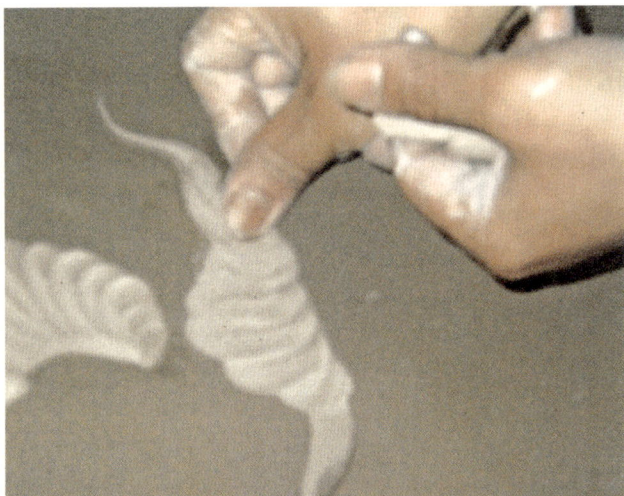

图29　摞法一

图27　扰法一

图30　摞法二

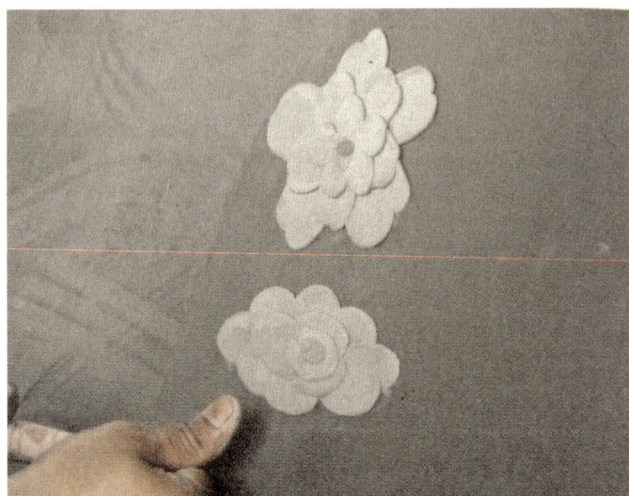

图28　扰法二

九、抠法

"抠"是用大拇指的中心位置，把大一点的泥粒向四周展开，反复来回运动，使其平整、光滑、均匀，有润的感觉（如图31、图32）。这个手法需要大面积，如大面积的叶片，山的平面等。

图31 抠法一

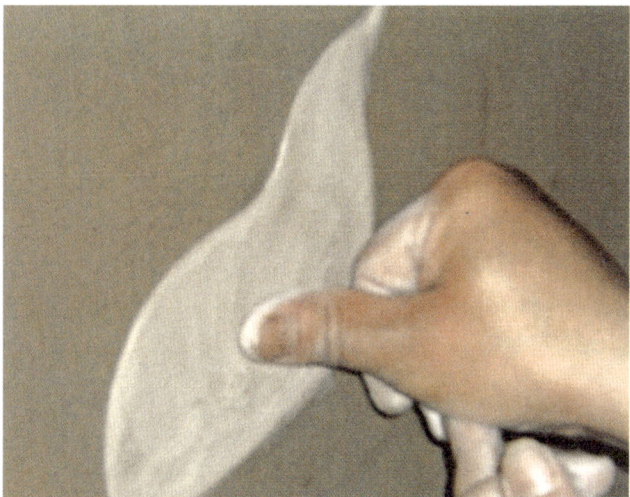

图32 抠法二

十、拖法

"拖"是用右手大拇指的前端与食指第一节的弯处并拢，捏好一个手型，抓住已经准备好的泥线，把泥线的一端捏在右手大拇指与食指间，依在坯体上，另一端托在左手掌心，随着脚的移动，往后边拖出线型，一般专为边框使用，成各种直形（如图33）、圆形（如图34）、弯形、异形等。

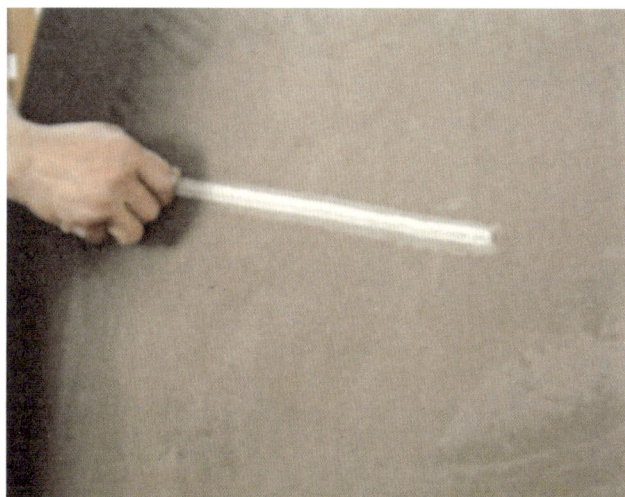

图33 拖法一

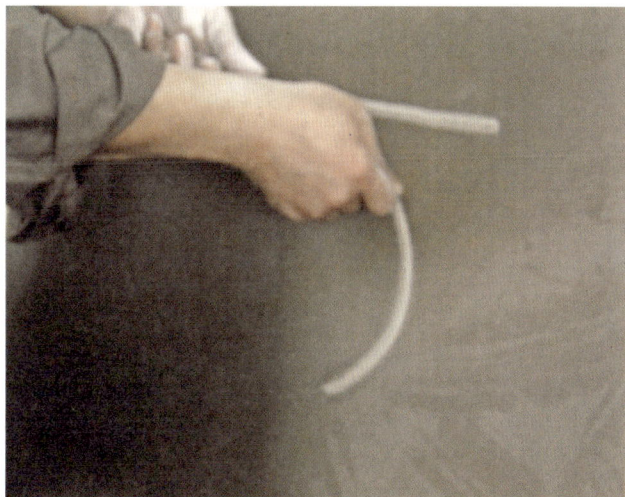

图34 拖法二

十一、推法

"推"是用大拇指与食指捏一粒泥，看纹样的需要和大小，两指捻一下形成基本的长圆形，然后食指抵住泥的前面一头，大拇指按住后面一头，按在坯体上，大拇指稍微侧向后方，向前推进形成平面的带状（如图35、图36）。

十二、摁法

"摁"是用大拇指的前端或侧面，在已贴好的线上摁出纹样，一个接着一个摁出指纹印来（如图37、图38），如边框的花纹、树皮、树干、树节纹，或山石的皴法、鸟的羽路、各种花瓣纹样等。

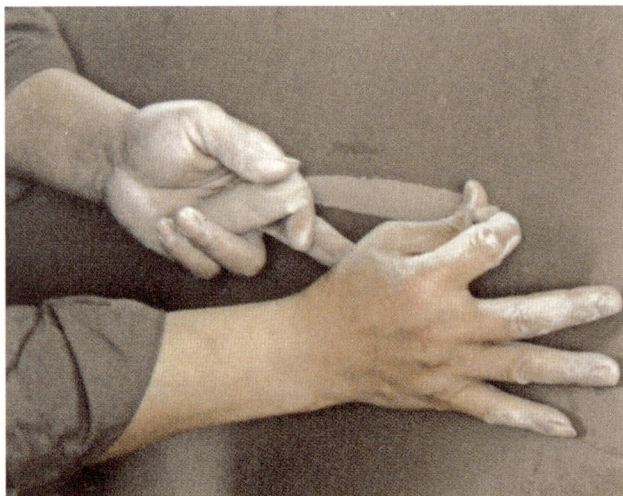

图35　推法一

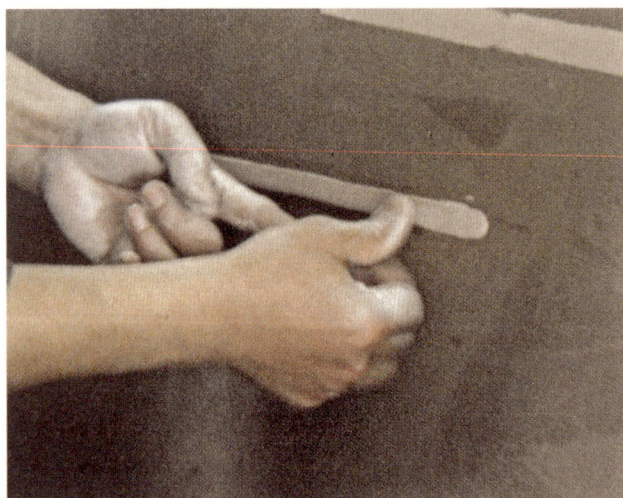

图37　摁法一

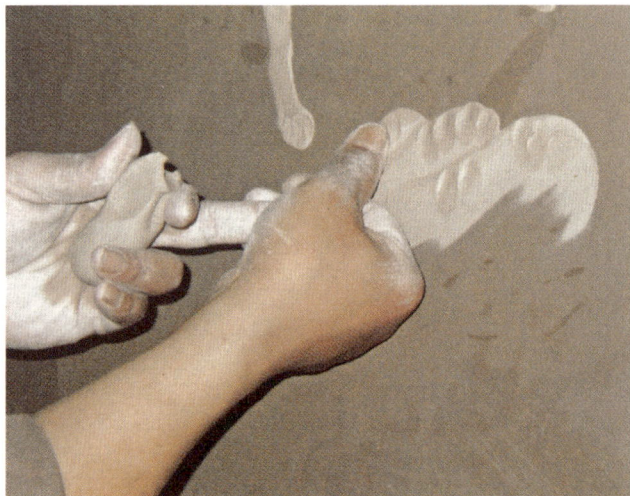

图36　推法二

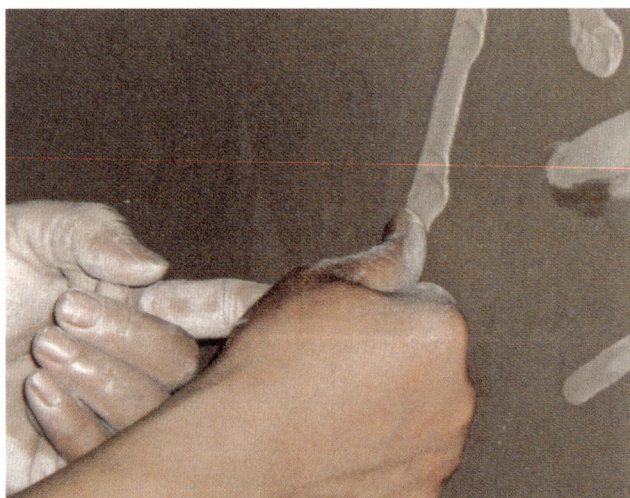

图38　摁法二

十三、堆法

"堆"是用大拇指把搓好的线条，或捻好的泥粒形状，以摁为主轻重适度地往胚体上堆上去，然后再匀一下（如图39、图40）。如龙鳞、鸟的羽毛、花瓣等，似比较工整的图案手法。

十四、贴法

"贴"是用大拇指把泥粒，或线状、片状的泥片，或其他已捏成、印成的形，贴到坯体上去（如图41、图42）。如鳞片类、羽毛类、花瓣类或其他形状，累积、排列地贴到坯体上去，还有少数印制好的高浮雕状的，如龙头动物之类粘贴到需要的位置上去。

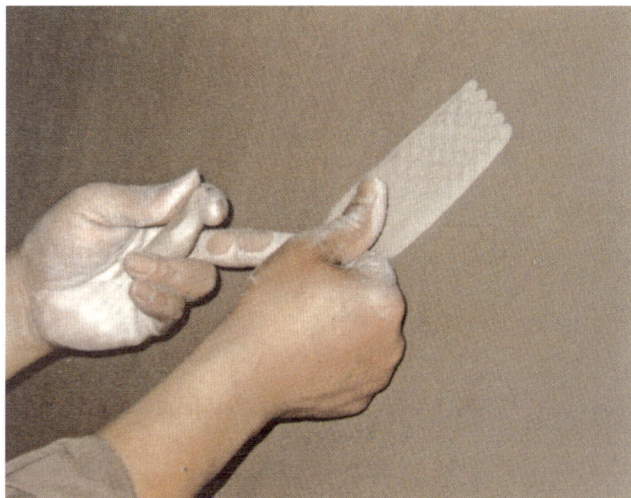

图39 堆法一

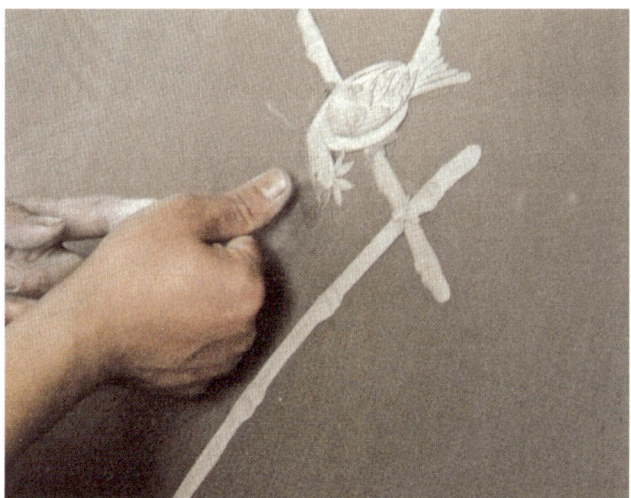

图41 贴法一

图40 堆法二

图42 贴法二

十五、匀法

"匀"是用大拇指在大面积的图案中央进行平整，在摊、揿、摞的基础上进行收拾，来回反复进行匀泥的表面。像大的叶子（如图43、图44）、大的动物与鸟的表面和层与层之间，特别是堆的边框纹样要匀平整，也有拖出来的边框线把它变成平面的，这要全靠匀出来。必要时还要加少量的泥，进行补救不平整的地方，使之达到平整，更有"玉气感"。

十六、凿法

"凿"这一道工序在整个泥画里边是不可缺少的。凿是艺人们从前辈手里学来的技法，并代代相传。用来"凿"的这个辅助工具一般没有卖，即使买来的也不适用；不是这个专业的人对使用方法不理解的话，也做不到位；就是艺人之间互换工具也用不习惯，因为做工具的水平高低差异也很大。制作小工具的材料有竹、木，也有少量铜、铁等其他材料。小工具的形状有圆形、椭圆形、扁形、尖形、弯形、直形、异形、松针形、米字形等。用小工具在堆贴好的画面上进行最后一下的加工叫凿（如图45、图46），更显示出堆花工艺的民族特色。

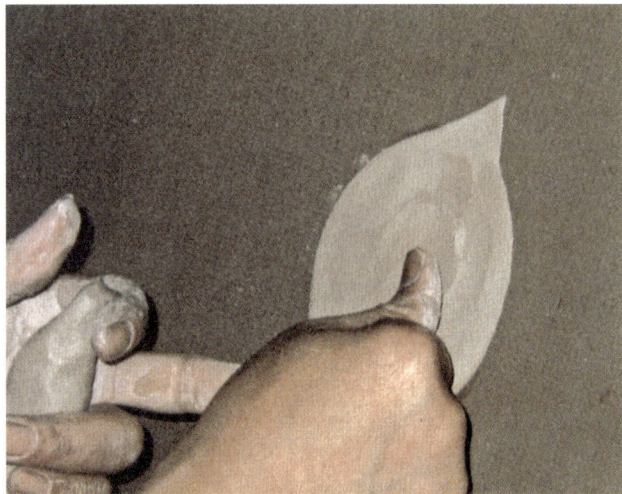

图43　匀法一

图45　凿法一

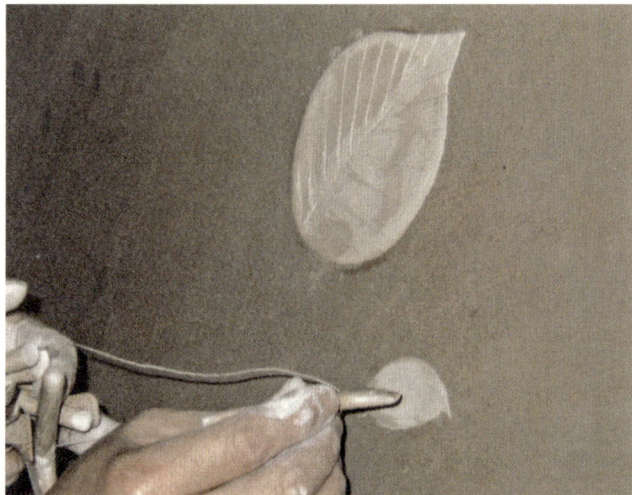

图44　匀法二

图46　凿法二

第二节 均陶堆花工艺的装饰技法

宜兴均陶堆花工艺的装饰技法多样，每位堆花艺人都有各自擅长的堆贴技法。总的来说可以分为堆花法、贴花法、堆贴结合法、刻花平贴法、铁笔划花法、泥浆彩绘综合法等。

一、堆花法

堆花法是近年较为流行的一种堆贴装饰技法，好比是中国画中的工笔画，讲究立体感，形象细致逼真，注重写实。在堆花之前需要做好两个准备，一是首先需要将堆贴的画面画在纸上，然后再用毛笔或铅笔或类似笔的工具将画面描画在坯体上；二是需要用和坯体一样的本色泥在描画好的坯体上打底，也叫铺底，即用本色泥先堆出一定的厚度，这样使其后堆出的画面更有半浮雕的立体感（如图47）。打底的范围和厚度根据图案的需要而定，打底泥应该比堆花泥略微干燥一点，便于有统一的收缩率。注意不能使用堆花泥打底，因为堆花泥的收缩率与坯体泥不一致，容易造成开裂和脱落。这些准备完成后再用大拇指开始一个层次一个层次地从内向外堆贴制作。堆贴时要细心操作，对花鸟鱼虫、山石树木、人物风景的刻画要写实，每一个细节都要交代清楚，特别是能让人感到做工细腻的鳞片、毛纹等更要谨慎操作。

在堆花法中，常用的指法有摁、堆、贴、揿等，这些指法较容易为人掌握，只须多加练习，操作时细心一点即可。但那些能够代表宜兴均陶堆贴装饰技法风格的指法，如行、撕、摊、扰、拖等在堆花作品中较难得到很好的体现。堆花法这种过于注重细节、追求形似的技法不能完全代表宜兴均陶堆贴装饰的精髓，无法显示出陶器装饰应有的大气、写意且注重神似的风格。

图47 堆花法

二、贴花法

贴花法是清代至民国间较为普遍的堆贴装饰技法，好比是中国画中的写意画，讲究指法的灵活运用，追求神似，重在艺人个人风格的表现。优秀的贴花艺人不需要打底稿，通常只是在心中构想好画面，然后运泥贴花一气呵成（如图48）。贴花更见艺人的功力，要求艺人必须有很好的艺术修养，有一定的书法、绘画基本功。因为这里的指法与中国画中的笔法有相同之处。明代的《笔诀》中说："书有筋骨血肉，筋生于腕，腕能悬，则筋骨相连而有势；骨生于指，指能实，则骨体坚定而不弱。"同样贴花法将大拇指看作笔，泥看作墨，坯体看作纸面，讲究指法和腕力的运用。国画中有墨分五色，泥的焦、浓、重、淡、轻也可以通过腕力和指法的用力来实现。腕力和指法结合好了才会回转灵活、随心所欲，才会控制好泥的轻重缓急、厚薄浓淡。所以贴花作品的好坏取决于艺人的功力，这不是一天两天就可以掌握达到的水平。贴花法制作的作品更重视画面的构图，纹样形式也更为抽象夸张，画面效果自然流畅、生动有趣。

图48 贴花法

可惜的是，贴花技法在抗日战争、解放战争中断过几十年，中华人民共和国成立后虽得到一定的恢复，但在"文化大革命"的"除四旧"中许多指法、技法没有继承下来，失传了。总的来说，20世纪80年代以前，大多采用以贴为主的手法，画面效果比较平；80年代以后出现了以堆为主的技法，画面效果更有立体感。

三、堆贴结合法

堆贴结合法是宜兴均陶堆花装饰中最常出现的技法，一般画面中都会兼堆带贴，使得纹样层次更加丰富。有时画面的主要部分由堆完成，贴花作为烘托主题而出现；有时画面的主要部分以贴完成，堆花仅占一小部分，起到提神的作用（如图49）。古代大部分的宜兴均陶堆贴装饰作品都是兼堆带贴的，堆与贴的手法结合得很成功。

图49　堆贴结合法

四、刻花平贴法

纹样堆贴前，要先制作模板，一般采用赛璐珞板，用雕刻刀刻掉需要堆贴的画面，即留下的空隙用来贴花。赛璐珞板的大小和厚度根据堆贴的画面来决定。刻花平贴法操作时，把刻好的模板平贴在坯体表面上，并用左手扶好，然后用右手大拇指把泥平填在空隙中即可。也可用塑料直线板将填进的泥料刮平后，揭开刻板就得到堆贴的画面了。刻花平贴法经常运用于作品中的底层纹样，如线条丰富重叠的松针（如图50）。注意平贴操作时用力要均匀，方可平稳规正。

图50　刻花平贴法

五、铁笔划花法

同样使用赛璐珞板，但不同的是铁笔划花法要求只刻形体线，去掉形体面。操作方法是用右手的大拇指把泥料填平刻板，然后揭去刻板，用纸样轻勾形体线纹，用钢丝制作的圆形划针，沿线进行刻划。注意刻划时线条要准确，手上的力度也要有轻重缓急，这将对画面的整体效果产生直接的影响。刻划后的线纹须待干燥后，再用漆刷刷去线纹中含有的残留泥粒。另外，刻线的深浅，要求以刻划时见坯底面为宜（如图51）。

图51　铁笔划花法　　　　图52　泥浆彩绘综合法

六、泥浆彩绘综合法

用漆刷或毛笔沾上堆花色泥的泥浆（泥浆调成糊状为宜）在坯体上先进行彩绘装饰，如作品中底层的云纹。当需要采用其他综合装饰手法时（如堆花法、贴花法等），一定要等彩绘装饰画面干燥不粘手后，才可进行堆贴（如图52）。随着人们审美能力的提升，这种综合装饰技法在现代均陶堆花作品中运用得越来越多。

第五章　均陶堆花工艺的辅助工具

堆花工艺是宜兴均陶独有的装饰技法，堆花者在装饰画面的大形堆贴完成之后，往往还会根据画面的实际需要，进一步进行修饰加工，目的是让作品的装饰效果越发精彩绝伦。那么此时,聪明的堆花者就制作了各种各样的辅助小工具（如图53），通过这些辅助工具的点缀使用，再看那些堆贴的画面，表现语言更加丰富多彩，局部处理更是耐人寻味，真正起到了画龙点睛的作用（如图54至图56）。

图 53　辅助小工具

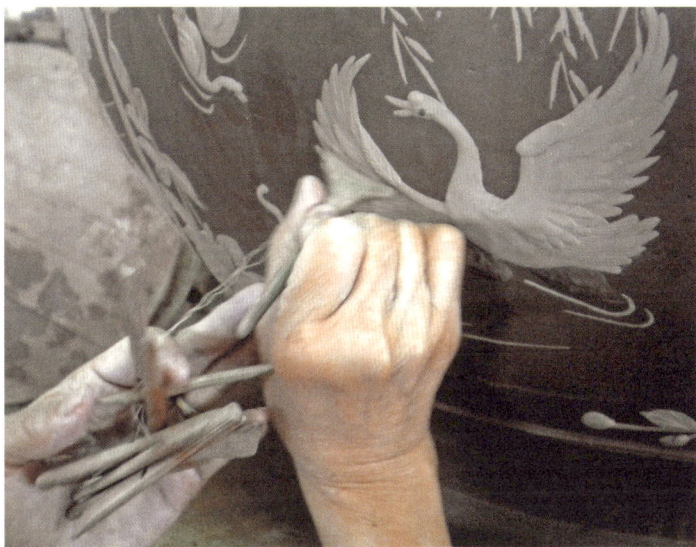

图 54　辅助工具用法一

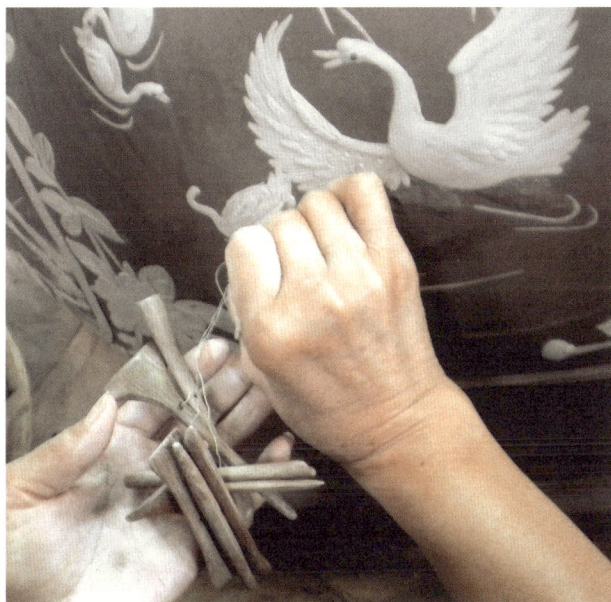

图 55　辅助工具用法二

图 56　辅助工具用法三

　　从事堆花工艺多年的老师傅，他们都会有一串精致、可爱的小工具随身别在腰上，这些小工具大都是用竹子或黄杨木自制而成，是根据堆花作品中画面纹样的要求制作出来的。虽然这些小工具看起来数量很多，形状各异，但从用途上分，就只有两类：一是印花工具，一是划花工具。印花工具像印章一样有各式的纹样刻在竹棍或木棍的横截面上，用来在堆贴好的画面上或印或凿。划花工具为扁铲形，一般用来刻、划线纹。

　　在这些辅助小工具的美化之下，画面形象尤为逼真，

细节刻画妙趣横生，使得堆花作品也更加完整，更有民间特色。如：龙鳞、松针、梅花、回纹等。下面简单介绍一下各种辅助工具的具体用法。

一、印花工具

1. 圆头勺与散点勺

　　圆头勺呈曲弧形，有大小多种型号（如图 57 中工具的上端部分），一般用可用于飞禽走兽的羽毛纹理、花卉叶筋的刻划，连用可做衣纹的装饰等，乱印可以造成不同

肌理的对比。使用时，用右手大拇指和食指夹住勺柄，左手中指顶住右手大拇指外侧，用力均匀、平稳地按顺时针转动。勺时用力过轻就会出现纹线模糊；过重则会使画面的线纹琐碎不整体，且容易使画面开裂。一般勺时的深度为堆贴泥片厚度的三分之一左右。

散点勺（如图57中工具的下端部分）勺头也有大小之分，常用来处理肌理，一般用于动物粗糙的表皮或山石。堆贴艺人匠心独用，将水墨画中的点墨程式化为散点。散点勺的使用，能使原本混沌的山石立刻精神矍铄起来。

图58　半凹形圆管　　　图59　花头凿

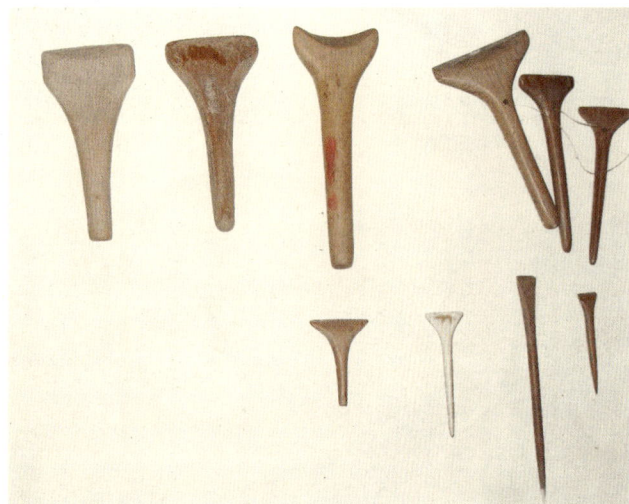

图57　圆头勺与散点勺

2. 半凹形圆管

有大小长短各种型号，用于堆贴画面的点部（如图58）。一般用来刻画飞禽走兽的眼睛、羽毛、皮毛斑点、竹节和花卉的花蕊部分。根据点的大小来选择半凹形圆管的大小。

3. 花头凿

花头凿类似于印章，把各种纹样刻在辅助工具的横截面上，然后在堆贴好的画面上印出或凿出所需花纹。根据堆花作品中形象的刻画需要，有松针凿、菊花凿、鱼鳞凿、龙鳞凿等等（如图59）。

二、划花工具

1. 圆头划花棒

用于表现鸟类的翅膀，通过工具与泥的挤压使泥产生突起的边缘，并与因此而露出来的深色坯体产生空间和色彩的对比，表现出翅膀、羽毛的硬度和力度（如图60）。这种划花需要很大的功力，不仅要有起有落，有虚有实，还要符合翅膀的长势。可能是因为难度太大或是图省事，现在的堆贴工艺中已经不用这种技法了，而单用抹叠来处理。

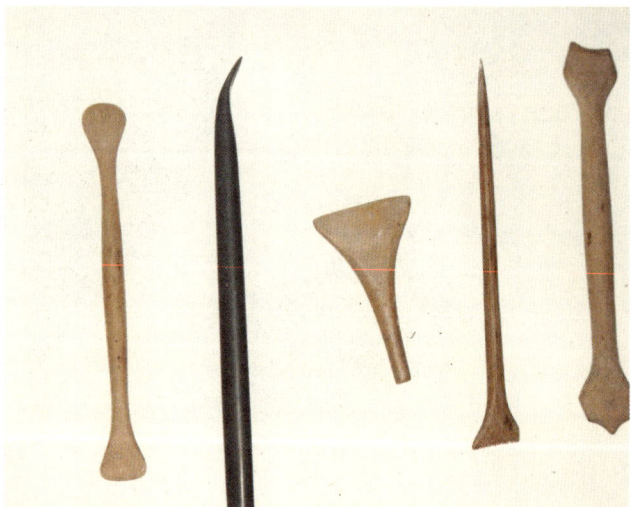

图60　圆头划花棒

2. 篦纹划花棒

顾名思义，篦形划花棒类似于篦子的形状，根据纹样的需要可以做成大小、宽窄不一的锯齿状，用处较多，常用于修饰水波、树叶、鬃毛等等（如图61）。

图 61　篦纹划花棒

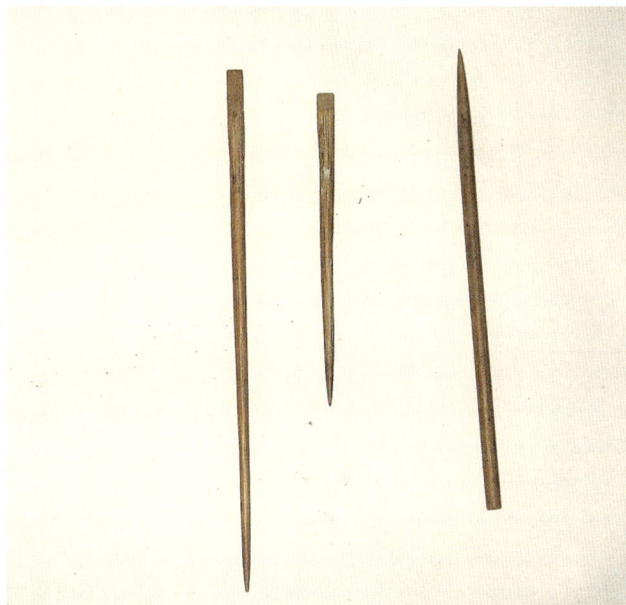

图 62　挑棒

3. 挑棒

在堆贴装饰中用于整理和挑剔各种不同的线形，如回纹、水纹，以及切割多余面的泥料等（如图 62 ）。

以上这些辅助工具的使用能够使堆贴装饰的画面更加精致耐看，但不是随便的运用就能达到这样的效果，必须要有一定的经验及审美眼光，才能恰当地运用好辅助工具，达到锦上添花的效果。

第二部分
实践篇

学习目标：

◎ 熟悉均陶堆花泥料的材质特性。

◎ 能掌握均陶堆花工艺的基本指法。

◎ 能临摹有代表性的传统堆花纹样。

◎ 能把握坯体造型和装饰纹样的关系。

◎ 能根据设计图稿完成堆花作品。

第六章　均陶堆花工艺的作品制作

设计案例：

1. 五瓣花堆贴；

2. 花卉纹样（兰花）堆贴；

3. 动物纹样（小鸟）堆贴；

4. 山水纹样堆贴。

技能要求：

1. 了解堆花工艺的流程；

2. 熟悉堆花泥料的泥性；

3. 掌握堆花工艺的基本指法；

4. 熟悉堆花工具的使用方法；

5. 掌握堆花作品的制作步骤与方法；

6. 了解传统纹样的堆贴技法。

相关作业：

1. 五瓣花堆贴50—100个；

2. 花卉纹样的堆贴练习3—5幅；

3. 动物纹样的堆贴练习2—3幅；

4. 传统山水纹样的堆贴练习2—3幅。

第一节　堆花工艺的指法练习

设计案例1：五瓣花堆贴

一、准备工作

进行堆花练习时，首先要准备好堆贴所用的工具与泥料。

1. 工具

所需工具包括：堆花辅助工具（圆头勺、半圆勺、半凹形圆管、挑棒等）、喷壶、塑料刮片、抹布、塑料布、泥搭子、转盘等（如图63）。

2. 泥料

泥料准备好：白泥（用于堆花，初开始练习时只需准备一种白泥即可，到后面制作堆花作品时再准备几种色泥）（如图64）、大缸泥或普泥（用于制作泥板或坯体）（如图65、图66）。

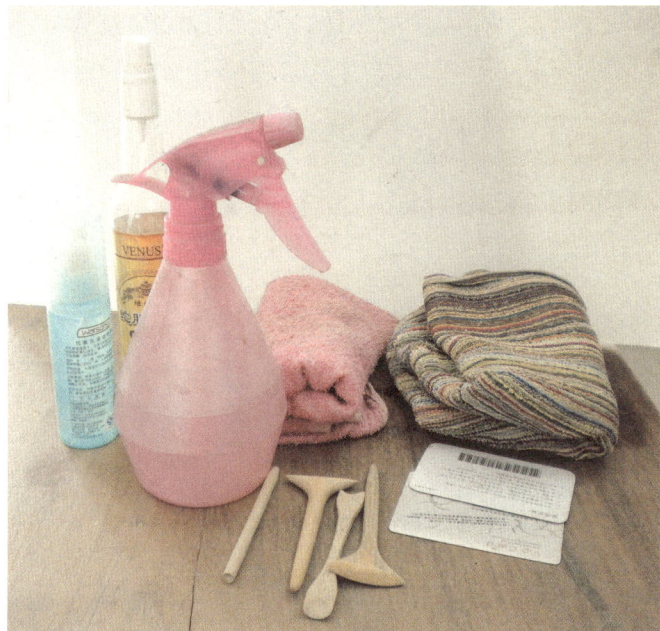

图 63　准备工具

图 65　大缸泥

如 64　堆花白泥

图 66　普泥

二、泥板制作

堆花所用的工具、泥料都准备好之后，先要制作一块堆贴训练所用的泥板。注意泥板厚度在1—1.5厘米之间，打好的泥板要求厚度均匀，表面平整即可。需阴干1—2天后使用（视天气情况而定）。泥板制作步骤如下（如图67至图70）：

图67　切割泥片（普泥或大缸泥）

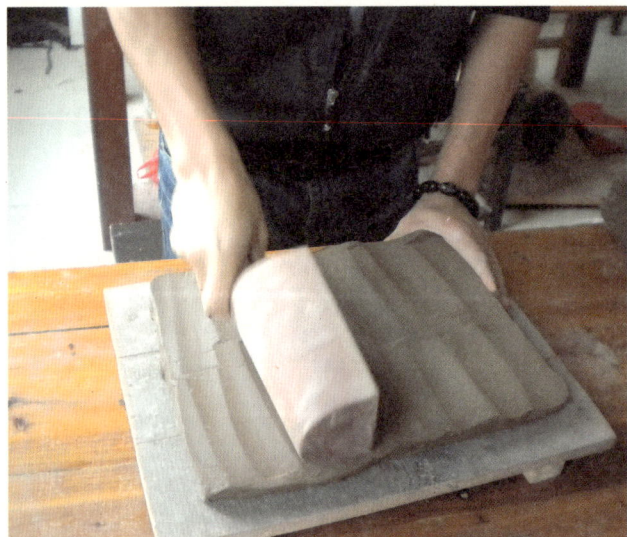

图68　拍打泥片

图69　整理泥片

图70　阴干备用（掌握湿度）

三、指法练习——五瓣花堆贴

通过学习五瓣花（如图71）的堆贴技法，掌握均陶堆花工艺的基本指法。五瓣花堆贴主要是练习"摊"的技法。

图71 五瓣花示范作品

1. 五瓣花堆贴注意要点

练习时必须反复训练，领会技法要点，并不时纠正错误的手法。这样才能尽快掌握基本指法。

（1）注意花瓣的形态；

（2）花瓣用泥中间薄、边上厚，才会显得饱满、滋润、均匀，呈现堆花工艺的特色；

（3）注意运用基本技法，如：捏、搓、揿、摊、匀等的技巧。

2. 五瓣花堆贴步骤（如图72）

五瓣花只是一个概念性的花朵，目的是为了训练堆花工艺的基本指法，并能灵活运用大拇指向上、向下、向左、向右进行多方位的堆贴。

注意：五瓣花由五片花瓣组成，每片花瓣一般分成两笔进行堆贴，第一笔从中心向外"摊"开，第二笔由外向中心"摊"回。必须反复练习，方可熟能生巧。下面是五瓣花的详细堆贴步骤（如图72a至图72p）。

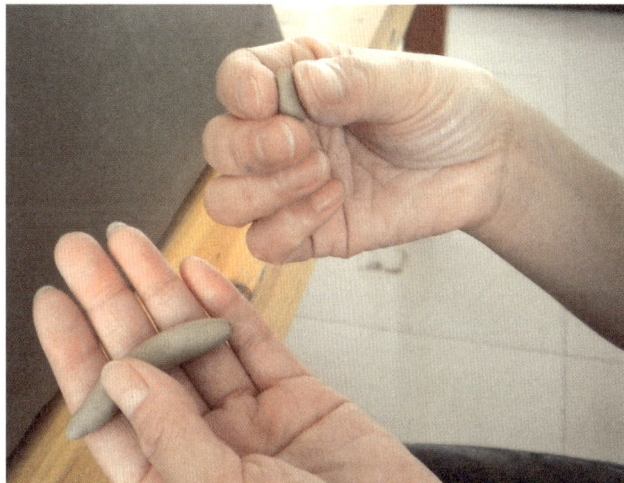

图72b 捏泥团

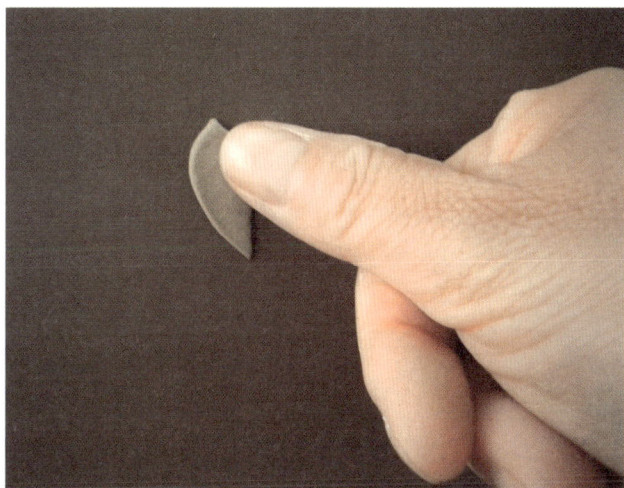

图72c 把第一笔泥团揿到泥板上

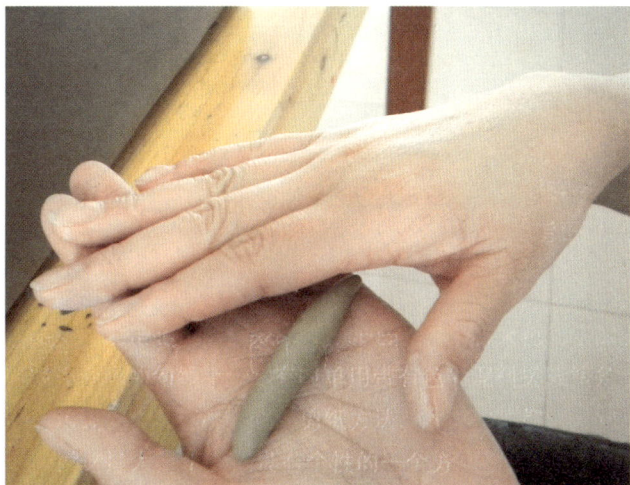

图72a 搓泥条

图72d 摊花瓣（第一片第一笔）

图 72e　揿第二笔泥团

图 72h　摊花瓣（第二片第二笔）

图 72f　摊花瓣（第一片第二笔）

图 72i　摊花瓣（第三片第一笔）

图 72g　摊花瓣（第二片第一笔）

图 72j　摊花瓣（第三片第二笔）

图 72k 摊花瓣（第四片第一笔）

图 72l 摊花瓣（第四片第二笔）

图 72m 摊花瓣（第五片第一笔）

图 72n 摊花瓣（第五片第二笔）

图 72o 点花心

图 72p 堆贴枝叶

第二节　堆花工艺的花卉堆贴技法

设计案例2：花卉纹样（兰花）堆贴

堆贴花卉纹样首先要了解不同花卉的生长结构、特征、生态习性等。如兰花的叶姿清雅潇洒，历来是诗人画家灵感的源泉。其软垂叶者，娇姿婀娜；其斜披叶者，飘逸洒脱；其斜立叶者，刚柔相济；其直立叶者，雄健刚劲。兰花的花形变化无穷，姿态万千，有的像荷花，有的像梅花，有的像菊花，有的像牡丹，还有的像松竹……真是包罗万象，数不胜数（如图73）。

图74　起笔

图73　兰花堆花作品

图75　勾画兰叶

范例演示如下：

步骤1：构图布局

用毛笔着淡墨在泥板上勾勒兰花纹样（如图74至图77）。注意在兰叶的组合上，长短、粗细与疏密要有变化，穿插交错有致，节奏感强。在叶子的分布上切忌杂乱无章，漫无秩序，要宁少勿多。花形的结构是花五瓣，当中的两瓣较短朝内侧抱芯，另外三大瓣伸向外侧。花芯是由鼻和舌所构成，花茎是由几片叶包裹而成，连接到花蒂。

图76　勾画花瓣与茎

图 77　勾画山石（配景）

图 79　堆贴兰叶之一

步骤 2：堆贴兰叶

　　兰叶细长，长短参差。堆贴时注意力度的把握，用力平稳均匀，特别是长线条的"搓"功，由粗到细要过渡自然，兰叶才能流畅圆润，柔中有刚、挺拔潇洒（如图 78 至图 81）。

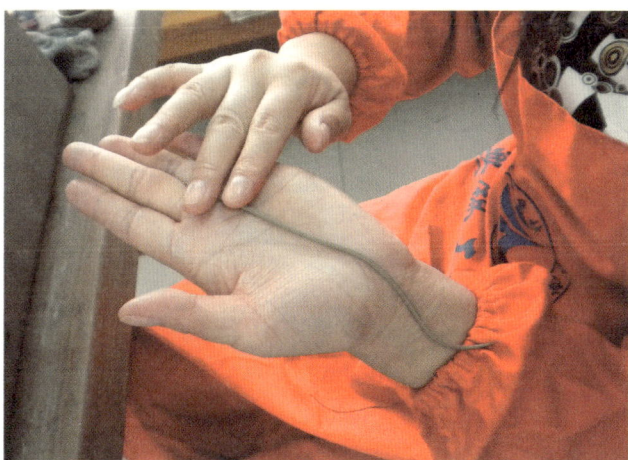

图 80　堆贴兰叶之二

图 78　搓线条（兰叶）

图 81　堆贴兰叶之三

步骤 3：堆贴花茎

花茎自叶丛根部抽出，注意线条相对要细，圆润挺拔（如图 82、图 83）。

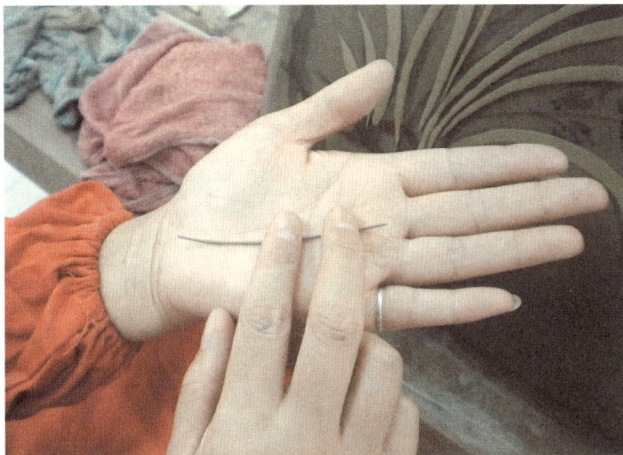

图82　搓线条（花茎）

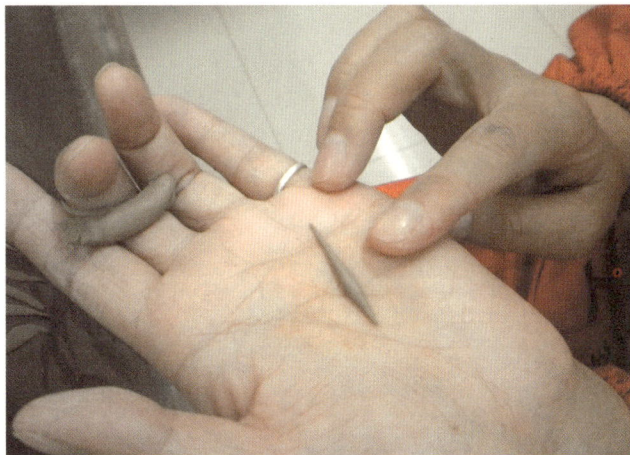

图84　搓小泥粒（花瓣）

图83　堆贴花茎

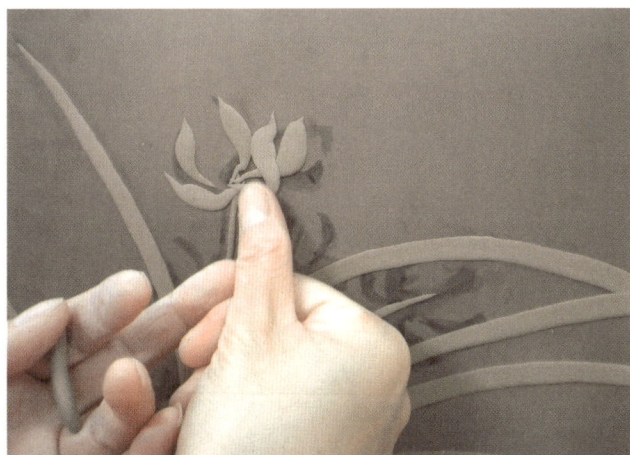

图85　堆贴花瓣之一

步骤 4：堆贴花瓣

花瓣的形状多变，姿态优雅。注意疏密相间、大小对比等等，如盛开、半开、未开状态，实践时可以单独练习花瓣的造型（如图 84 至图 87）。

图86　堆贴花瓣之二

图87 花形练习

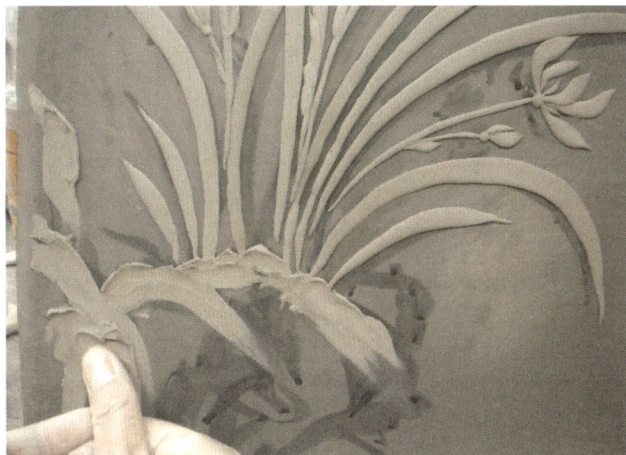
图89 由远到近堆贴

步骤5：堆贴山石

　　为了画面的整体效果，常堆贴一些石头来配景（如图88至图91）。注意山石的外形轮廓、纹理结构要有起伏变化，堆贴时快慢交替、虚实相间，以拉开石头的空间、层次、体积等。另外可以在石头的主要结构上堆贴一些苔点，以增强石头的质感，注意苔点的疏密、大小、长短对比等等。

图90 堆贴石头的纹理结构

图88 堆贴山石的轮廓

图91 点苔点

步骤6：调整落款、完成作品

仔细推敲整幅画面，在适当的地方进行调整，增加兰叶或花瓣等，最后落款（用细小的线条贴出文字，需要反复练习才行），完成作品堆贴（如图92）。

图92　调整落款、完成作品

第三节　堆花工艺的动物堆贴技法

设计案例3：动物纹样（小鸟）堆贴

现实生活中，有各种各样的动物，只要用心观察，就能掌握好不同动物的结构、动态、神情等等。

如堆贴小鸟，首先要找寻鸟类的共同特征（如图93），分析各种鸟的动态——头、翅、尾、腿的不同特征等等。平时要多对动物进行观察写生，还可以从历代花鸟画家的作品中寻找灵感，从而堆贴出栩栩如生的动物纹样作品（如图94）。

图93　小鸟结构特征

图94　凤凰的堆花作品（局部）

范例演示如下：

步骤1：堆贴鸟头与身体的动态结构

鸟的共同点是头部与身体像两个蛋形（如图95、图96），在两个一大一小椭圆形的基础上，加以不同特征的翅膀、尾巴、腿脚而成各种不同类型的禽鸟，其动态都是由蛋形的不同变化而成的。

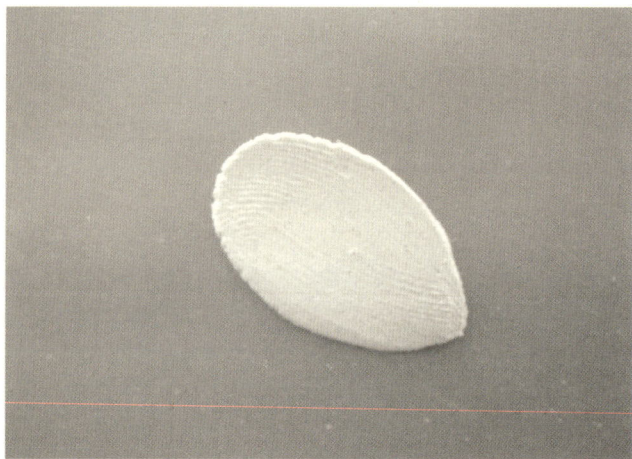

图95　堆贴头部的动态结构

图96　堆贴身体的动态结构

步骤2：堆贴尾巴

各种鸟的尾羽长、短、平、圆、凹、凸形状不一，要了解清楚。注意堆贴时从羽毛梢部向根部运动（如图97、图98）。

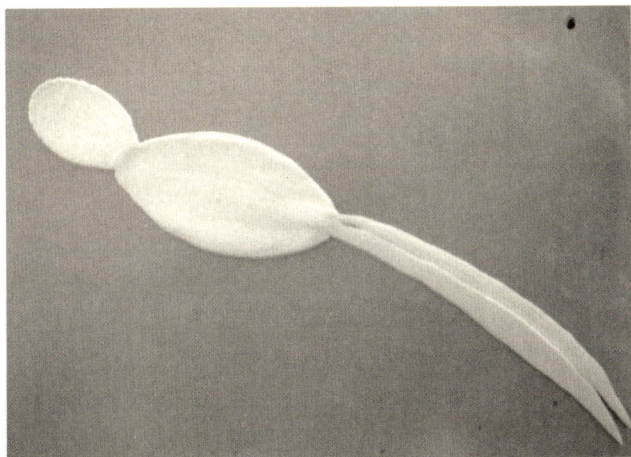
图97 堆贴尾巴的长羽毛

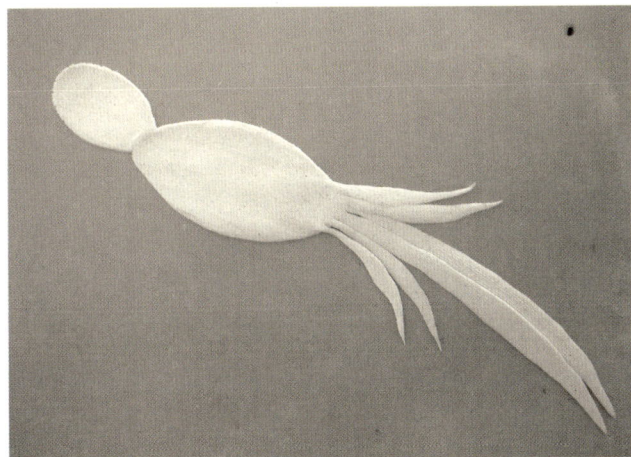
图98 堆贴尾巴的短羽毛

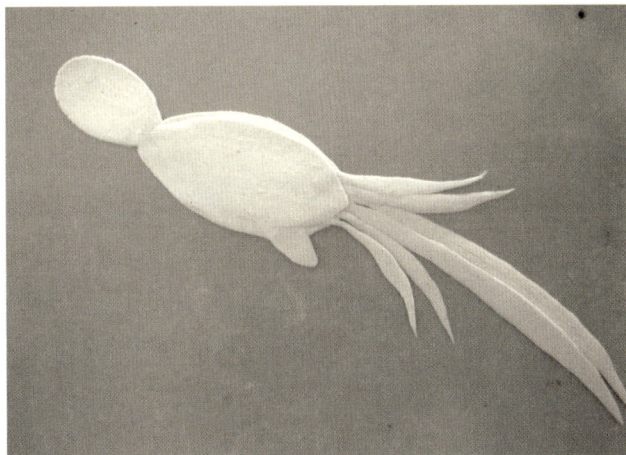
图99 堆贴腿部

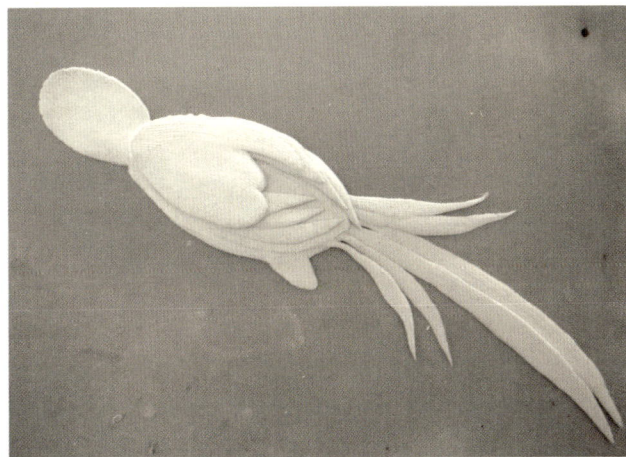
图100 堆贴翅膀的羽毛

步骤3：堆贴腿部与翅膀

不同鸟的翅膀与腿部形状各有长短宽窄，但其结构相差不大。腿部一般堆贴成一个倒圆锥形（如图99）；翅膀相对较复杂，先从翅膀前端的飞羽堆贴起，再贴后面的复羽，堆贴时都是从羽毛梢部向根部运动，还要注意羽毛的长短虚实的变化（如图100）。同时考虑到鸟的胸、腹部位的结构，要有体积感。

步骤4：堆贴刻画头部

鸟的头部有嘴、眼、鼻、耳、额、颌等，各种鸟形状亦有所不同。先从嘴巴开始堆贴，注意鸟嘴的形状，嘴巴闭合时一根线条即可，略带弧形；嘴巴张开时要由两根线条组成，先贴下喙线，较短直些，再贴上喙线，较长较弯些（仔细观察不同鸟嘴的具体特征）。嘴巴堆贴好后接着贴颌、额，形状看不同鸟的特征而定。有的小鸟头部还有长羽毛，如孔雀、锦鸡、白鹭等。

头部堆贴要重点刻画眼睛，因为大家都知道点睛之笔的重要性。注意堆贴眼睛之前，有的小鸟还要先贴眼部短毛和耳羽，也可最后用堆花工具凿出来。鸟的眼睛位置在嘴角的偏上方，可以借助堆花辅助工具勾勒眼圈后点上眼珠（眼珠用深色的泥，更加生动传神）。虽然鸟的眼睛是正圆形的，但由于鸟头有前、后、俯、仰方向的转动，而形成各种方向的椭圆，堆贴时要注意变化。眼睛贴好后，最后在上喙根基部用堆花工具勾压出鼻孔，用心的人还可以贴出细小的鼻毛（如图101）。

注意：堆花小工具的使用，可以在堆贴过程中进行，也可以等整个小鸟纹样堆贴完成后，在需要的地方统一凿、划等似情况而定。

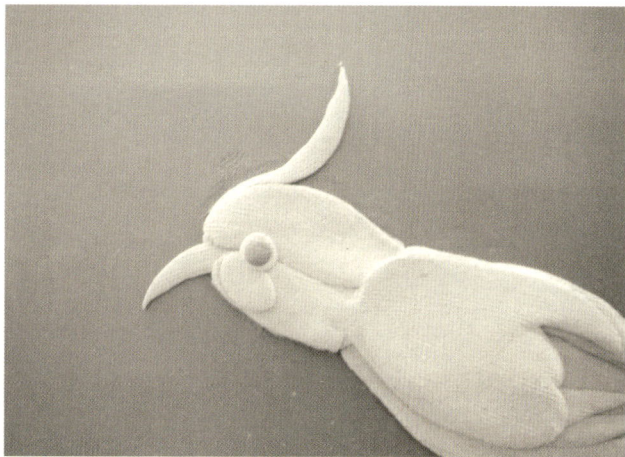

图101　刻画头部

步骤5：堆贴脚爪

先要了解所堆贴的小鸟是属于何种脚趾，注意脚趾的关节处。当平踏于地面时脚爪较平直，栖息于树枝时脚爪则弯曲成拳形。注意两只脚的方向姿态不要雷同，需有变化，尤其是堆贴脚长的鸟类更须注意（如图102）。

图102　堆贴脚爪

步骤6：借助工具凿出羽毛纹理

为了让小鸟更有活力，在堆贴结束后还需要用堆花小工具进行装饰修整，让鸟的羽毛生动起来，更加耐人寻味。我们可以根据具体需要选择相应的堆花工具进行凿、印、压、划等（如图103）。

注意羽毛纹理的刻画要符合羽毛的生长规律。

图103　凿出羽毛纹理

第四节　堆花工艺的山水堆贴技法

设计案例4：山水纹样堆贴

中国山水画历史悠久，经过历代画家不断的艺术创新与实践，它的绘画形式在世界艺坛独树一帜。山水画重在"意境"的表达，"外师造化，中得心源"是其最基本的创作原则，以自然物象传情写意，使人与自然融为一体，要么秀美壮丽，要么气势宏伟，每个人在欣赏作品时都会有不同的感受。

初学者，可以从传统山水纹样的堆贴开始（如图104、图105），学习山水画的造型手段与方法，体会"线"的抽象表现形式，在造型上不拘于形似，追求"妙在似与不似之间"的特点。中国画的构图除紧密结合所描内容的"经营位置"之外，还讲求平面布局中的点、线、形、色的变化对比与呼应，虚实、疏密、开合、起伏、繁简、聚散的相生相应，甚至不拘泥于特定的时间与空间的构图布局，有时候则完全省略环境描写，大胆利用空白，突出主体，并借助观者的联想与想象去自由发挥。

要想学好山水纹样的堆贴，一定要走进大自然，身临其境才能真切感悟到山川河流等自然风光的美丽。通过观察、写生、临摹优秀作品等体会山水纹样的特色，掌握各种景物的结构特征与生长规律。当然在继承传统山水纹样的同时，也要借鉴现代山水画家的创新技法，多欣赏不同画家的山水作品，很好地进行总结、研究，以更快提高自己的表现能力。

范例演示如下：

步骤 1：构图

在泥板上用淡墨勾勒山水纹样（如图 106）。注意堆贴画面的层次与空间处理、景物的透视变化等。

透视"三远法"：

"高远"——即仰视，"自下而上仰山巅谓之高远"；

"深远"——即俯视，"自山前而窥山后"，登高望远，景物一览无余，层次丰富；

"平远"——就是平视，接近于焦点透视，近大远小。"自近山而望远山谓之平远"。

图 104　山水堆花作品（局部一）

图 106　山水构图

步骤 2：堆贴山石（远景）

从远处的山石开始，注意山石的结构、姿态和肌理质感等，堆贴时注意线条的处理要方中带圆、刚柔相济，既要有棱角又忌出尖，要浑朴凝重、藏巧于拙。并注意取势之向背、漏洞之聚散，切忌用线条把石头的四周困死，应连钩带破，虚实相间（如图 107 至图 110）。

图 105　山水堆花作品（局部二）

图 107　从最远处开始堆贴图

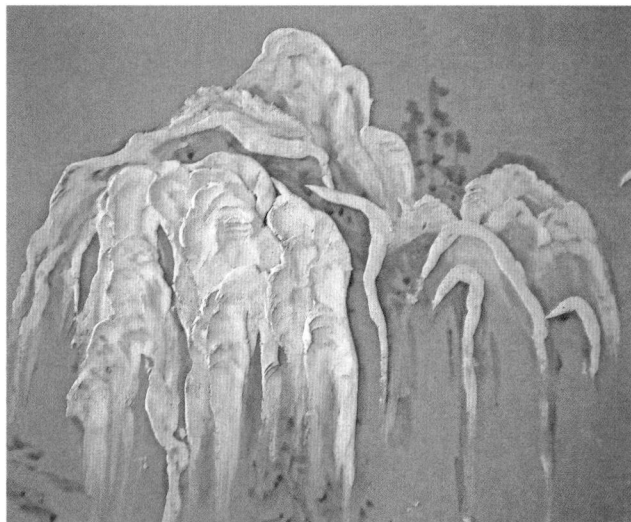

图 109　堆贴远景山石的纹理与质感

图 108　堆贴远景山石的轮廓结构线

图 110　山石远景堆贴完成

步骤 3：堆贴山石（中景）

堆贴中景与远景一样，同样注意山石的层次、空间、虚实关系，先以简练的线条按轻重、转折、疏密堆贴出山石的起伏变化与立体感，再用堆、摊、撕、揿、摁等技法进行山石表面纹理的处理（可以借鉴国画中各种皴法的表现）（如图 111、图 112）。

图 111 堆贴中景山石的轮廓结构线

步骤 4：堆贴山石（近景）

还是先从轮廓线开始堆贴，注意手势的缓慢、轻重、顿挫，与国画中运笔的规律相通，再进行块面的渲染，力求表现出山石的质感、量感、层次感（如图 113 至图 115）。

图 113　堆贴近景山石的轮廓结构线之一

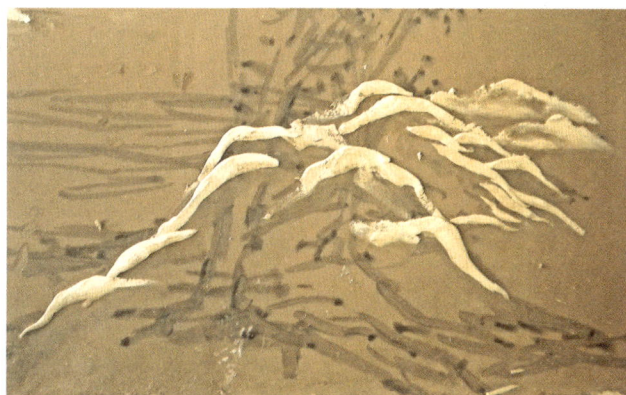

图 114　堆贴近景山石的轮廓结构线之二

图 112 堆贴中景山石的纹理与质感

图 115　堆贴近景山石的纹理与质感

步骤 5：山石点苔

古人云"画不点苔，山无生气"，可见山水画中点苔的重要性，但又不可随意点，一定要根据画面需要，点在哪里，才能恰到好处。还要注意点的大小、疏密、形状的对比关系，使局部与整体统一起来（如图 116、图 117）。

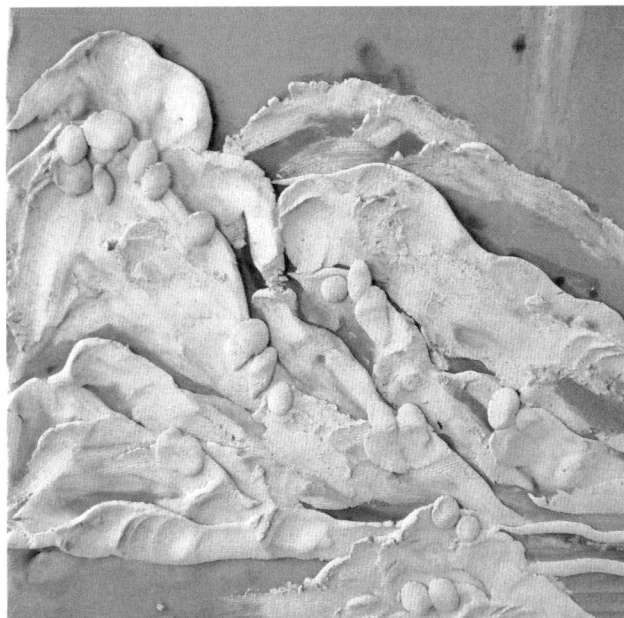

图 117　山石点苔之二

步骤 6：堆贴水纹

古语说"流水不腐"，水能增加画面的动感，而要表现流动的水，只有运用各种线条的组合，才能达到预计的效果。

天下之水，有泉、瀑、江、河、湖、海等，有时风平浪静、有时汹涌澎湃，必须用线条的起伏变化与聚散关系表现出水的动态与层次。

堆贴时，泥条要圆润流畅、婉转曲折、长短穿插、疏密有致，不必全部堆满波纹，要有空白，才有虚实（如图 118、图 119）。

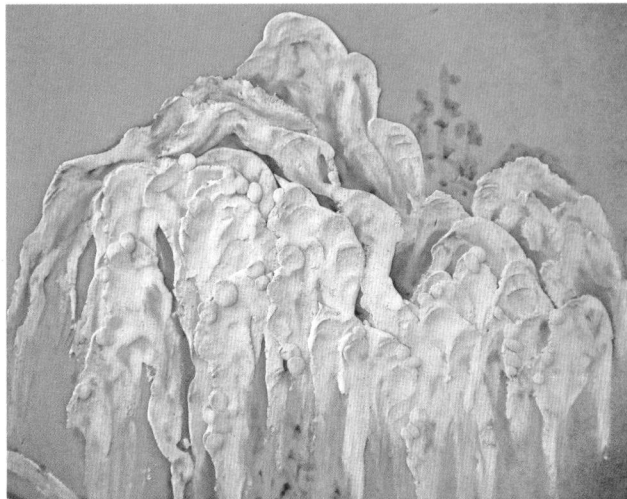

图 116　山石点苔之一

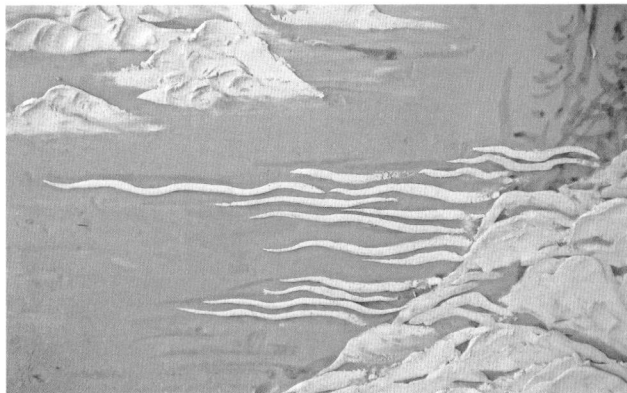

图 118　堆贴水纹之一

图 119　堆贴水纹之二

步骤 7：堆贴树木

　　树木是构成山水的主要组成部分之一，平时要注意观察各种树木的特征、生长结构以及枝干的穿插规律等。树的种类繁多，千姿百态，即使同一种树也有老幼之分，所以一定要注意用线行笔的变化。

　　堆贴老树，枝干用泥相对要枯、干，笔断意连、抑扬顿挫，以显示出古老而苍劲的树皮质感；堆贴新枝和幼枝时树形相对要直，用泥光滑圆润，以表现小树的柔嫩感。

　　一般先堆贴枝干。要把主要的枝干贴好，再贴次干，最后贴出小枝，注意穿插避让（如图 120）。枝干贴好后再堆贴树叶（如图 121）。树叶的堆法也有很多，一般用"单叶法"，又叫点叶法，有圆叶点、梅花点、竹叶点、梧桐点、松叶点、个字点、介字点、扁叶点、平头点、仰头点、破笔点等等，点时泥团要有大小、聚散、粗细、前后、高低等，特别要注意树木的姿态，根据不同的树叶形态进行概括、提炼、夸张等。

图 120　堆贴枝干

图 121　堆贴树叶

步骤 8：配景、调整完成

山水纹样的堆贴除了山石、水纹、树木，还有其他的景物可以堆贴，如：人物、房屋、楼台、舟船、桥梁、飞鸟走兽等等，可以根据画面的构图需要选择合适的配景纹样。

画面选择了一些远树和小舟作为点缀（如图122、图123）。远树的堆贴取其势即可，简练概括，与近处的树木形成呼应，虚实相生，增强了空间层次感。另外还堆贴了两只小舟。

最后再全面观察分析一下整个画面，在需要的地方进行调整（如：山石、水纹的疏密对比，纹样的主次关系、局部与整体的协调等等），直至满意为止（如图124）。

图122　配景（远树）

图124　调整完成

图123　配景（小舟）

附：学生习作

习作 1

习作 2

习作 3

习作 4

习作 5

习作 6

习作 7

习作 8

习作 9

习作 10

习作 11

习作 12

习作 13

习作 14

习作 15

习作 16

习作 17

习作 18

习作 19

习作 20

第七章　均陶堆花工艺的作品创作

设计案例：

1. 堆花装饰《鱼戏面盆》。

2. 堆花装饰《马到成功》。

技能要求：

1. 了解堆花装饰纹样的设计步骤与方法；

2. 掌握手绘纹样图稿的方法；

3. 灵活运用纹样的堆贴技法；

4. 把握坯体造型与装饰纹样的整体关系。

相关作业：

堆花创作作品 2 件（陶罐、笔筒或陶盘等造型不限）。

1. 绘制装饰纹样图稿 3—5 幅；

2. 制作完成堆花作品 2 件。

设计案例 1：堆花装饰《鱼戏面盆》

通过各种花卉、动物、山水纹样的堆贴练习，在初步掌握均陶堆花装饰技法的基础之上，可以大胆尝试堆花作品的创作了。堆花作品的创作主要是两大部分，一是纹样设计，二是纹样堆贴制作。下面以堆花装饰（卫生洁具）——《鱼戏面盆》为例，介绍堆花作品的创作步骤与方法。

一、纹样设计

创作堆花作品，首先要进行堆贴纹样的设计，因为本课程重点在于学习陶瓷的装饰手法，因此造型不作具体要求。如果没有学过成型工艺，可以去市场上购买你所需要的坯体造型（也可以请翻模师傅，根据自己的造型设计要求，制作一套石膏模具。有了模具，再制作坯体。），然后再根据这个造型进行纹样的设计。

1. 创意构思

作品创作的第一步就是构思立意，指导老师要引导学生确立创作方向，选择创作题材。要求学生按照设计目的进行堆花作品的构想与思考，把平时积累的素材进行归纳整理，提炼出作品创作所需的题材。创造性思维活动融合了理性的分析判断和感性的直觉想象，是逻辑思维与形象思维的结合。创意构思是在头脑中不断形成和完善未来作品形象的过程，形象的创造依赖于观察分析、选择判断和想象。

均陶堆花作品的造型有缸、盆、罐、钵、坛、笔筒、花瓶、陶台等等，学生可以根据自己的喜好创作实用性或装饰性的作品。例如，我们确立了均陶堆花（卫生洁具装饰）——洗脸盆的设计，首先要进行产品的目标定位：确定品种（什么东西）——功能分析（干什么用、怎样用）——使用环境（什么地方用）——使用对象（什么人用）；再进行市场调研，针对同类产品的设计进行分析，并搜集相关的资料，从而确定设计方案，还要考虑作品的造型与装饰纹样的关系。

2. 市场调研、搜集资料

在进行堆花作品的创意构思期间，必须针对自己设计的项目（如洗面盆）去陶瓷市场找同类陶瓷产品进行调研分析（如图125、图126），再到均陶工艺厂或均陶研究所（如图127 至图129）等地进行参观学习，学生到了企业生产一线更能亲身感受到均陶堆花工艺的魅力，能够近距离地聆听堆花大师讲授堆花技艺，并为大家解答学习中遇到的各类问题，定会受益匪浅。参观期间，学生们能拍摄、收集到相关的堆花工艺图片与资料，看到历代优秀堆花作品，这对他们的创作将会起到很好的启发与借鉴作用。

图 125　市场调研之一　　　　图 126　市场调研之二

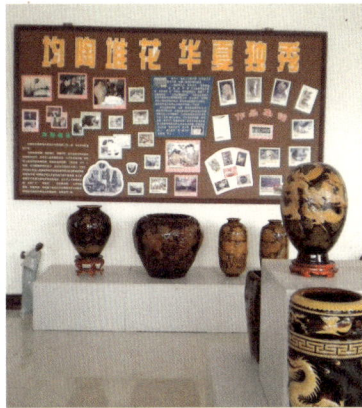

图 127　均陶厂　　　　图 128　均陶厂展厅

图 129 均陶研究所展厅

3. 设计纹样图稿

根据自己的创意构思，用铅笔、钢笔或其他画笔勾勒出纹样的设计图稿（如图 130 至图 132），注意形式美的构图安排，点、线、面的穿插对比，画面纹样的空间层次等等。在图稿绘制过程中需要不断推敲，认真思考纹样与造型的整体统一关系，要相得益彰，反复修改后最终才能确定正稿。

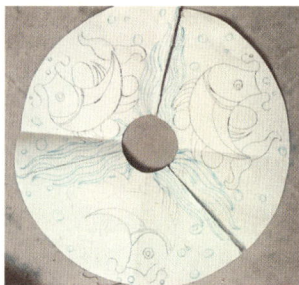

图 130 纹样图稿之一

图 131 纹样图稿之二

图 132 纹样图稿之三

二、纹样堆贴

根据已经确定的纹样图稿，接下来就是选择合适的堆贴装饰技法进行纹样的堆贴创作。先把纹样拷贝到坯体上（注意：坯体最好在纹样设计时就准备好，因为刚做好的坯体不能马上进行堆贴，要有一定的干燥期，具体看天气情况和经验而定），然后再进行纹样的堆贴。堆贴过程中要针对不同的纹样灵活运用堆贴技法，再逐一调整直至完成作品。

操作步骤如下：

1. 坯体制作步骤

（1）准备好坯体的石膏模具，模具分为上、下半部（如图 133、图 134）。

图 133 石膏模具之一

图 134 石膏模具之二

（2）将打好的泥片分别放入上、下模具中，并将泥片用力按压，使其与模具充分吻合（如图135、图136）。

（3）将上下两个石膏模对合在一起，补好接缝，等待一到两天阴干后即可脱模（如图137、图138）。

图135 打泥片

图137 合模

图136 印模

图138 模内阴干

（4）把脱模后的坯体放在阴凉处（如图139、图140），干燥到所需的干湿度（3—5天左右，具体要看造型大小、天气状况和堆花艺人的经验）。

（5）待干湿合适后，根据设计需要在坯体上刷泥浆，可以刷2—3遍（如图141、图142）。刷完泥浆后，将坯体放在阴凉处，待其阴干到适合堆花的干湿度。

图139　脱模

图141　刷泥浆

图140　阴干

图142　泥浆阴干

（6）翻转坯体，准备堆贴（如图 143）。

图 143　翻转坯体

2. 纹样堆贴步骤

（1）把设计好的纹样拷贝到坯体上（如图 144、图 145）。注意力度不要太大，避免弄坏坯体。

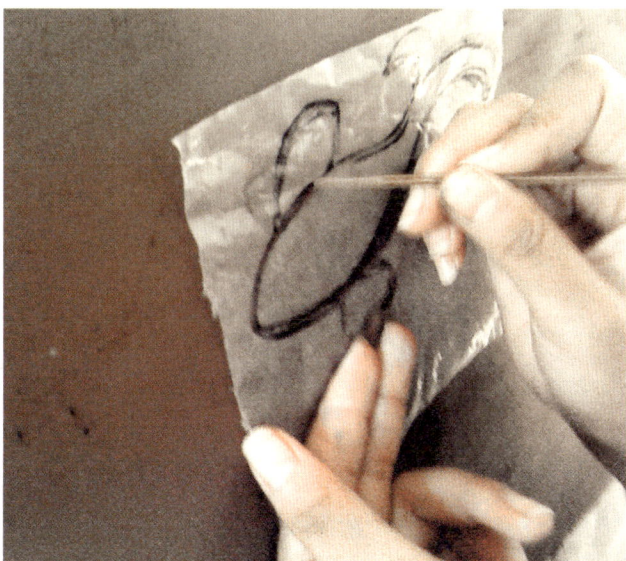

图 144　拷贝纹样之一

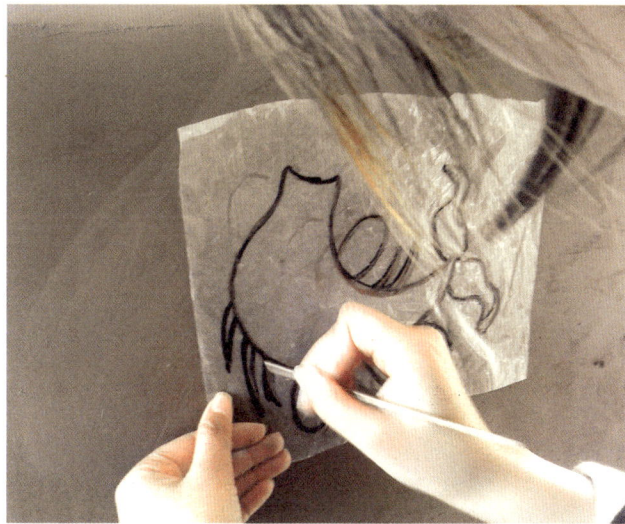

图 145　拷贝纹样之二

（2）开始堆贴纹样，注意灵活运用不同的堆贴技法。如：鱼的纹样先打底，再从鱼鳍部分堆起（如图 146），然后分步堆出整条鱼，直至堆出整件作品的纹样（如图 147 至图 149）。

图 146　鱼纹打底、堆贴鱼鳍

图 147　堆贴盆内的鱼纹与水纹

图 148　堆贴口沿的鱼纹与水纹之一

图 149　堆贴口沿的鱼纹与水纹之二

（3）作品堆贴完成之后，放在阴凉处，待其自然干燥（如图 150）。

图 150　阴干坯体

三、施釉烧成

干燥后的堆花坯体需要施釉后才可装窑烧成。根据作品创作要求，也有不施釉直接烧成的。

堆花作品施的釉是透明釉或半透明釉（金黄釉、花缸釉等），烧成后能清晰可见釉层下面的堆花纹样。施釉方式一般采用喷釉的方法，釉层厚度控制在 1.5—1.8mm。施釉完成后，再干燥一段时间，最好能放在烘房里进行烘烤干燥，时间一周左右，要确保坯体完全干燥后才能装窑烧成（如图 151），可以请有经验的烧窑师傅帮助完成。

烧成是陶瓷坯体在火中经过高温处理的过程，是半成品转变为产品的一个重要工序，是火的艺术。在烧成过程中发生了一系列的物理、化学变化：脱水、收缩、气体排放、膨胀、液相出现、熔融、析晶、晶相反应等。烧成是一个融合了量变与质变的复杂过程，经过了五个阶段的物化反应：一是低温预热阶段（300℃以下），二是氧化分解阶段（300—950℃），三是高温成熟阶段（这一阶段产品达到最高烧成温度），四是高温保温阶段，五是冷却阶段。

均陶堆花作品的烧成温度比一般陶器要高，大概在 1190—1250℃之间的氧化焰中一次烧成，烧成时间在 22 小时左右，才可以开窑（如图 152）。注意产品必须自然冷却到室温之后才能开窑，冷却速度不能太快，应避免冷风的吹入以及冷水的直接接触，以防出现釉面断裂、坯体局部开裂或整体惊破的现象。

图 151　装窑场景

图 152　开窑场景

图 153　烧成作品《鱼戏面盆》（俯视图）

图 154　烧成作品《鱼戏面盆》（立视图）

四、烧成作品

　　施釉、烧成后的堆花作品《鱼戏面盆》（如图 153、图 154）。

设计案例 2：堆花装饰《马到功成》

　　通过前面设计案例 1 的学习，大家了解了堆花作品创作的整个过程。接下来的设计案例 2《马到功成》的创作，主要将以堆贴步骤图的形式来进行分析。

　　根据创作者的构思立意，设计好坯体造型与装饰纹样之后，先制作好坯体（阴干到适合堆花的干湿度），然后进行纹样的堆贴创作。

　　步骤 1：掐线定位

　　根据预先设计好的堆花纹样，首先在坯体上进行掐线定位（如图 155），目的是为了安排各部分纹样在坯体上的大概位置，以划分画面中主要纹样与次要纹样的区域，为下一步画面的构图布局作好准备。

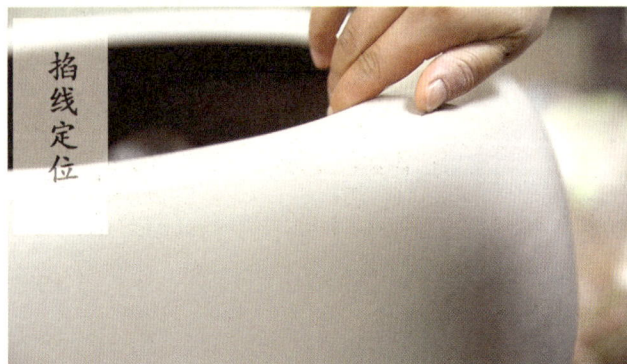

图155 掐线定位

步骤2：构图布局

把堆花纹样按照设计要求进行构图布局，可以用毛笔着淡墨进行勾勒（如图156）。

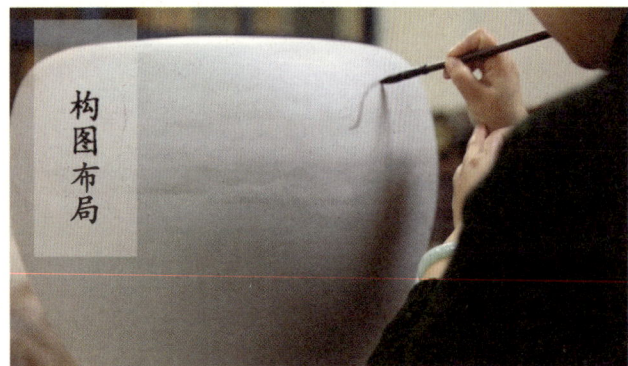

图156 构图布局

步骤3：堆贴纹样

纹样构图好后，下面就开始堆贴制作。堆贴步骤一般从坯体的口沿开始，先进行口沿处的平面堆贴（如图157），有时还需要进行鼓子按点（如图158），再根据画面构图安排，从主要纹样到次要纹样进行堆贴。注意纹样有立体浮雕效果的要先铺底（也叫打底，如图159），如动物的身体部分要突出立体感，就先用与坯体相同的泥料进行铺底，然后再用白泥进行纹样的平面堆贴（如图160）。特别要注意的是纹样有上下、前后层次的话，先贴下层的纹样，即被遮挡在下面的纹样先贴好，按照从

下到上、从后到前的顺序，一层一层往上堆贴，直至堆贴完整个纹样。堆贴过程中，可以根据设计需要合理运用各种堆贴技法，以达到装饰效果，如线条镶嵌镂空法（如图161）、平堆法（如图162）、平面堆贴法（如图163至图165）。最后再根据画面需要，进行全面的调整，最终完成坯体纹样的堆贴，呈现作品装饰效果（如图166）。

图157 平面堆贴一

图158 鼓子按点

图159 铺底（打底）

图 160　平面堆贴二

图 163　平面堆贴三

图 161　线条镶嵌镂空法

图 164　平面堆贴四

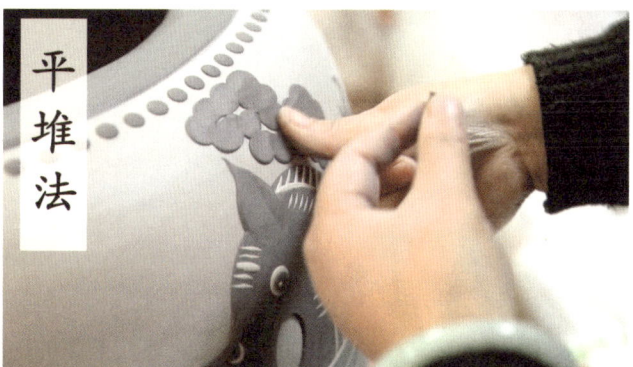

图 162　平堆法

图 165　平面堆贴五

图 166　整体装饰效果展示（纹样堆贴完成）

图 167　烧成作品《马到功成》

步骤 4：施釉烧成

纹样堆贴完成后的坯体，即半成品，需要自然阴干之后才能施釉、烧成。注意干燥过程中要避免风吹和太阳光线的强烈暴晒，以免造成堆贴画面的开裂和脱落。

烧成后的堆花作品《马到功成》（如图 167）。

附：烧成前、后的堆花作品

图 168　烧成前《群欢瓶》

图 170　烧成前《四方花钵》

图 169　烧成后《群欢瓶》

图 171　烧成后《四方花钵》

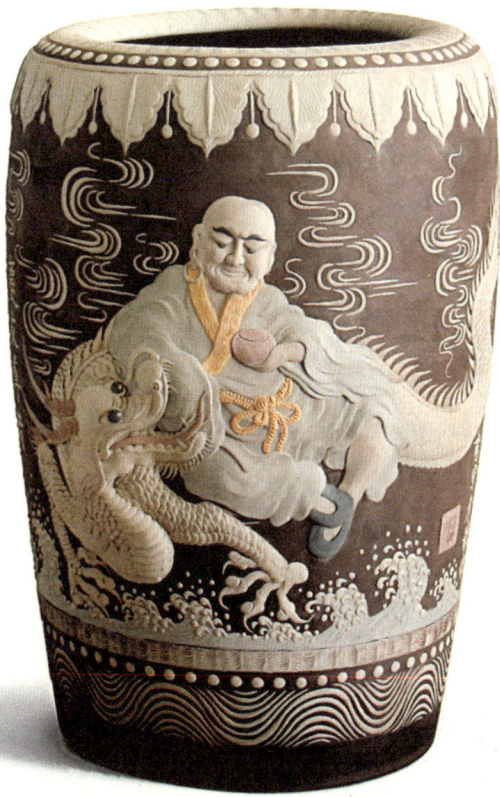

图 172　烧成前《降龙伏虎筒》之一

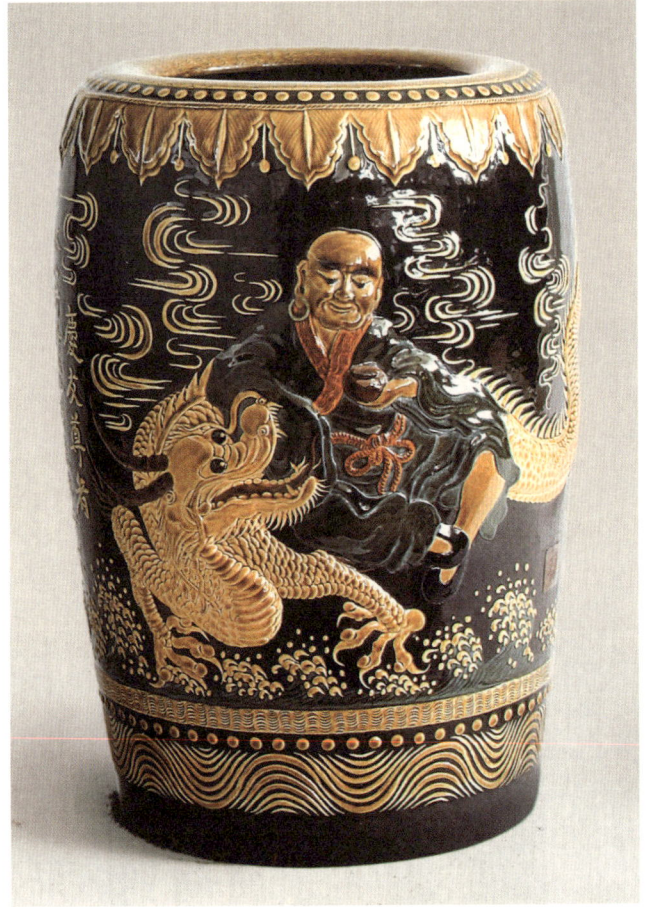

图 173 烧成后《降龙伏虎筒》之一

图 174　烧成前《降龙伏虎筒》之二

图 176　烧成前《鸟语花香四方明格盆》

图 175 烧成后《降龙伏虎筒》之二

图 177　烧成后《鸟语花香四方明格盆》

图 178　烧成前《荷塘月色书画筒》

图 179　烧成后《荷塘月色书画筒》

第三部分
赏析篇

学习目标：

◎ 了解均陶堆花工艺的装饰风格。

◎ 了解均陶堆花工艺的艺术特色。

◎ 了解均陶堆花作品的创意特点。

◎ 了解均陶堆花艺术的文化特色。

◎ 能鉴赏均陶堆花工艺的优秀作品。

第八章　均陶堆花作品赏析

宜兴均陶堆花艺术——民族工艺的奇葩

享誉陶都宜兴五朵金花之一的"均陶"，远在宋代就著称于世。均陶美在釉色，流光溢彩，赢得"灰中见蓝晕，艳若蝴蝶花"的美称；而均陶的堆花装饰手法更是风韵独具、特色鲜明，堪称"中国传统民族工艺奇葩"。宜兴均陶堆花工艺是当地民间传统工艺的绝活，在陶艺界可谓独领风骚、自成一脉，深受世人的喜爱。它的装饰特点"不是浮雕胜似浮雕，不是写意胜似写意"。传统堆花作品中最具典型的当属龙凤纹样，看那龙飞凤舞、栩栩如生，与陶器造型浑然一体，这与宜兴深厚的民族文化底蕴分不开，具有浓郁的民间艺术风格。"胸中有丘壑，拇指如有神。"宜兴堆花艺人采用纯手工的方式，用大拇指尽情挥洒着堆贴画的泥气、泥韵和精神。

《凤戏牡丹缸》·李守才·45cm×42cm

作品赏析：

　　堆花作品《凤戏牡丹缸》采用传统的平贴法。整个缸体气势灵动、恢宏大气，具有饱满、丰腴的艺术风格。清晰的图形纹样和浓淡起伏的变化以及阴影的强烈晕化，使画面富有层次变化，强化了整体的视觉效果。

　　设色以传统的酱色为主，从而点缀出凤戏牡丹的活泼灵动、古朴典雅的整体形象。

　　作品在堆贴的过程中，注意吸收绘画艺术的一些特点。如：布局的疏密变化、线条的穿插组合、笔墨的浓淡处理等表现方法，竭力表现出作品的主题与内涵。

《双狮争球钵》·李守才·60cm×68cm

作品赏析：

"双狮争球"这类题材，在许多艺术形式中都有采用。

《双狮争球钵》是将传统图案重新设计成两侧对称的图形，具有极强的装饰性。其中动感的双狮和静态的花球，在沉静中蕴含着灵动，使整个画面弥漫着喜庆祥和的气氛。

此钵采用绘画中大写意与工笔相结合的堆贴方法，在坯体上对称堆贴"双狮争球"的图案。围绕着主题纹样，用丝带及行云流水，将双狮图形巧妙地连贯成一体，营造出热闹欢腾的场面。另外，在钵体口沿及下部同样也饰以行云流水及波形纹样，与主题纹样相互辉映、相得益彰。釉色施以传统的老红釉，烧成后作品古朴大气。

《五彩喜狮罐》·李守才·58cm×50cm

作品赏析：

　　《五彩喜狮罐》的画面布局极具特色。无论从正面、侧面、顶面的图形组织，都服从于整体画面的体态结构与视觉结构。这些形象的处理不是纯粹的平面，而是有凸有凹的体面。

　　此罐的整体形象以较大的狮子为视觉中心，狮子的体态优雅、淡然可亲，具有独特的艺术个性。其他小狮子的形态也各具特色，充分展示了各自强烈的生命姿态和性格特征。

　　在色彩的处理上，以深蓝为底色来衬托黄、绿、白、淡蓝色为主体的形象，色泽明丽，给人既欢快又柔和的感觉，使得画面整体效果更为凸显。堆贴手法采用了传统的平贴法。

《龙腾瓶》· 李守才 · 45cm×40cm

作品赏析：

　　《龙腾瓶》源于传统的民族图腾崇拜意识。器型的周身布满了涡旋和大小不一的祥云，盘旋起伏，连缀而成；或并用大小不等的圆，不停旋转，层层渐开；或用 S 形勾连纹，前后堆叠，赋予了龙以生动活力及张扬形态的主题。

　　以龙为题材的图形在各种艺术形式中都出现过，如何在堆花作品中表现出不同，除了用传统的堆贴形式表现龙身外，用泥线镂空的装饰手法，运用细密、均致、生动、流畅的线条，组成具有装饰感的太阳纹样，使整个器物在稳定中似有旋转跃动之感，从而形成了美的律动，展示了龙的图腾形象。

　　这件《龙腾瓶》用素烧的方法烧成，作品古朴沉稳，浑然一体，单纯中富有变化。

《翔瓶》·李守才·45cm×42cm

作品赏析：

　　松鹤隐喻长寿，有长青、延年之意。《翔瓶》以飞鹤凌空的画面，圆转、细腻、生动、欢快、连绵不断，充满着盎然生机。其艺术手法的工整细密，形成了美的律动。

　　堆贴的画面装饰性极强，它超脱了为装饰而装饰的目的，以形定饰、以饰辅形。在表现的手法上采用了平贴法与高浮雕的堆贴方法，从而产生了与传统堆花所不同的艺术效果。

　　整个画面把飞鹤与松针有机组合起来，疏密聚散、正反转侧、相互关联。色彩处理上，大胆运用了白色的飞鹤与墨绿色的松针，形成对比、隐衬，又相互衔接、融合，使得仙鹤自然翔翔在松针摇曳之间，整体效果很美。

《竟陶盆》·李守才·20cm×38cm

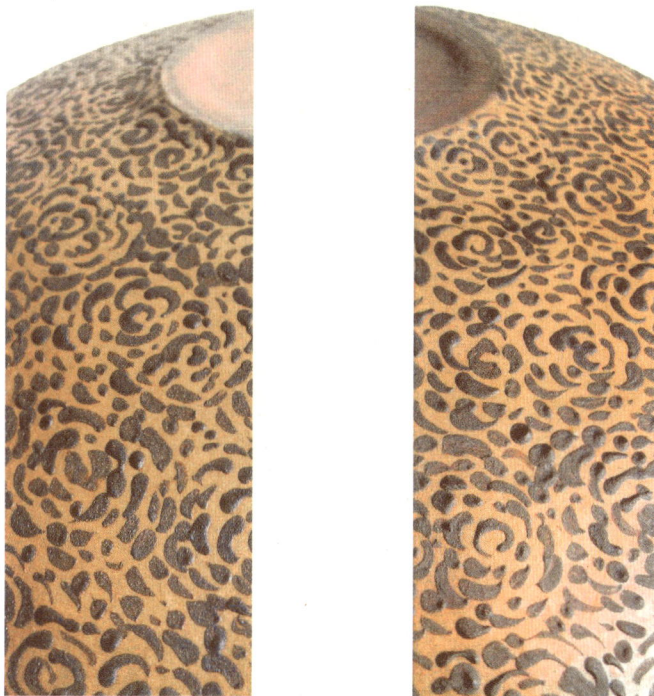

《竟陶盆》局部·李守才

作品赏析：

　　《竟陶盆》运用平贴法和泥绘相结合的表现手法，以盆为载体，将蜿蜒的龙形堆贴在平行于口沿的、盆的肩部环形宽带上。陶盆的口沿及底部则密集的绘以云纹，整个图形表现得极为细腻，泥绘的自由生动，堆贴的疏朗有致，作品整体有很强的韵律感与节奏感。

《一号堆花洋坛》·李守才·84cm×71cm

《一号堆花洋坛》局部之一 · 李守才

《一号堆花洋坛》局部之二 · 李守才

《一号堆花洋坛》局部之三 · 李守才

作品赏析：

　　纹样题材和所表现的风格是时代的产物。为此，同一时代的社会背景和人文意识必然反映在艺术作品中，无不打上时代的烙印。

　　《一号堆花洋坛》的装饰风格采用圆形开光的形式，以写实的手法将鹭鸶、绶带、鸡等适形在坛体上，其中鹭鸶穿行在莲花间，绶带行立在牡丹丛中，雌雄的鸡嬉戏在菊花间。间隙的空间部分以形态、色彩各异的龙充实，上部的环行则以凤和牡丹营造出祥瑞的画面，其题意显然是表达吉祥和谐之意。

　　整个坛身用三段连续纹样装饰，以造成连贯一体的气势。此坛器型尺寸较大，因此烧成具有一定的难度。工艺上采用传统的平贴法，为造成色彩斑斓的效果，在色泥的调配上，以及细节的处理上想了许多办法，下了一番功夫。

《富丽堂皇梅瓶》之一·李守才·60cm×32cm

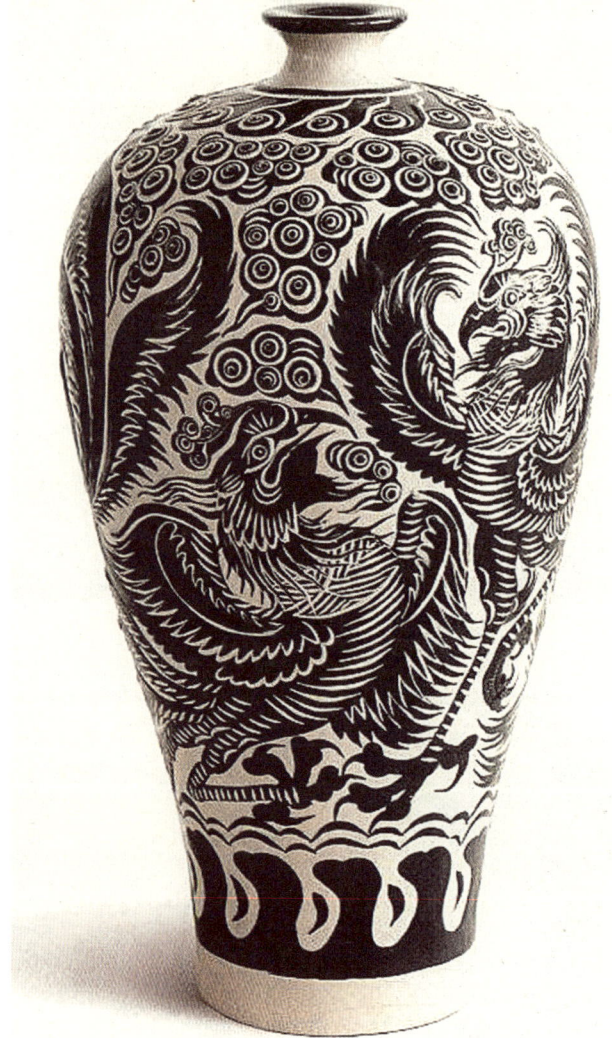

《富丽堂皇梅瓶》之二·李守才·60cm×32cm

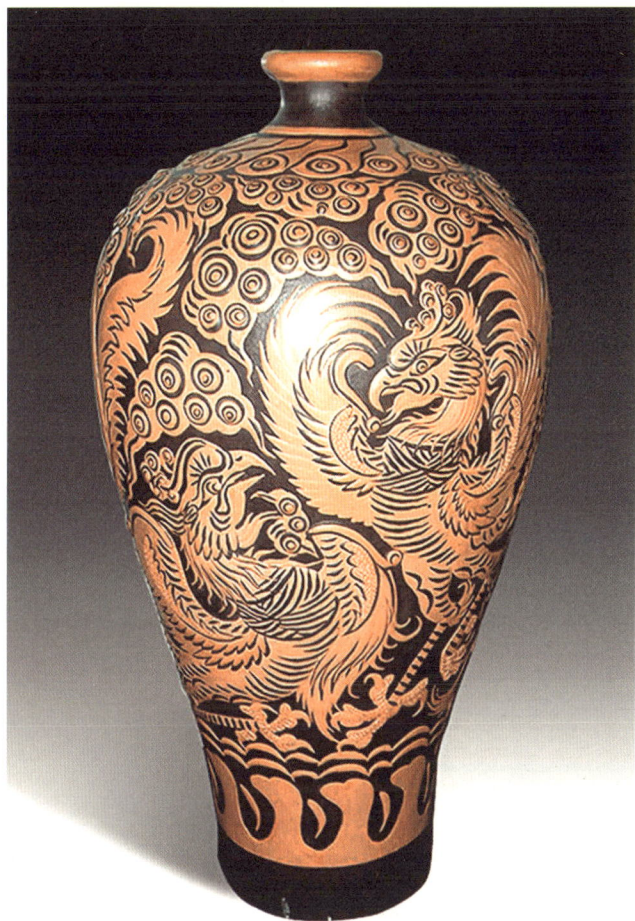

《富丽堂皇梅瓶》之三 · 李守才 · 60cm×32cm

《晨曲瓶》 · 李守才 · 58cm×35cm

《群欢瓶》之一·李守才·48cm×40cm

《群欢瓶》之二 · 李守才 · 45cm×42cm

《翔坛》·李守才·45cm×42cm

《翔钵》· 李守才 · 68cm×60cm

《欢天喜地瓶》·李守才·47cm×25cm

《欢天喜地瓶》·李守才·63cm×73cm

《双狮罐》·李守才·45cm×42cm

《秋赏钵》·李守才·60cm×68cm

《鱼欢瓶》·李守才·38cm×48cm

《鱼欢瓶》局部·李守才

《劲瓶》· 李守才 · 48cm×40cm

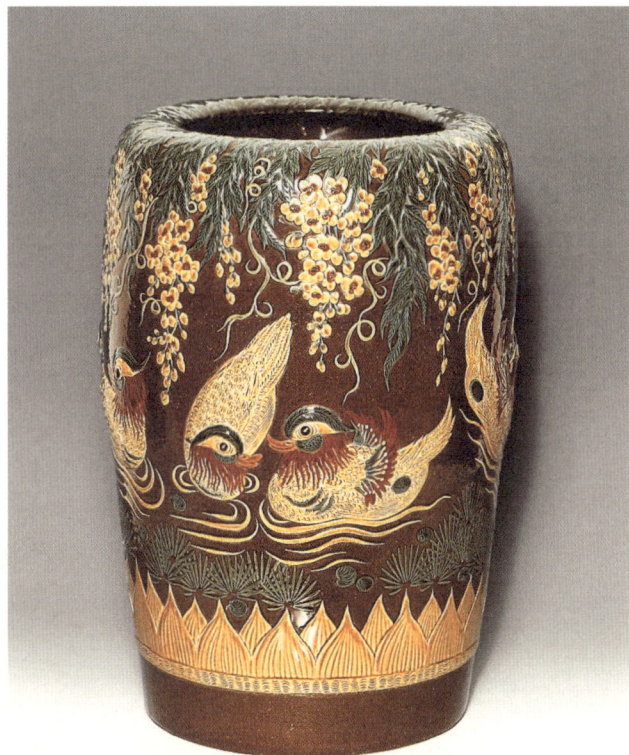

《紫藤双鸳筒》· 李守才 · 47cm×33cm

《二龙戏珠钵》· 李守才 · 27cm×39cm

《吉祥如意六方钵》之一 · 李守才 · 34cm×52cm

《吉祥如意六方钵》之二·李守才·34cm×52cm

《吉祥如意六方钵》之三·李守才·34cm×52cm

《连年有余盘》·李守才·36cm×36cm

《欢天喜地盘》·李守才·36cm×36cm

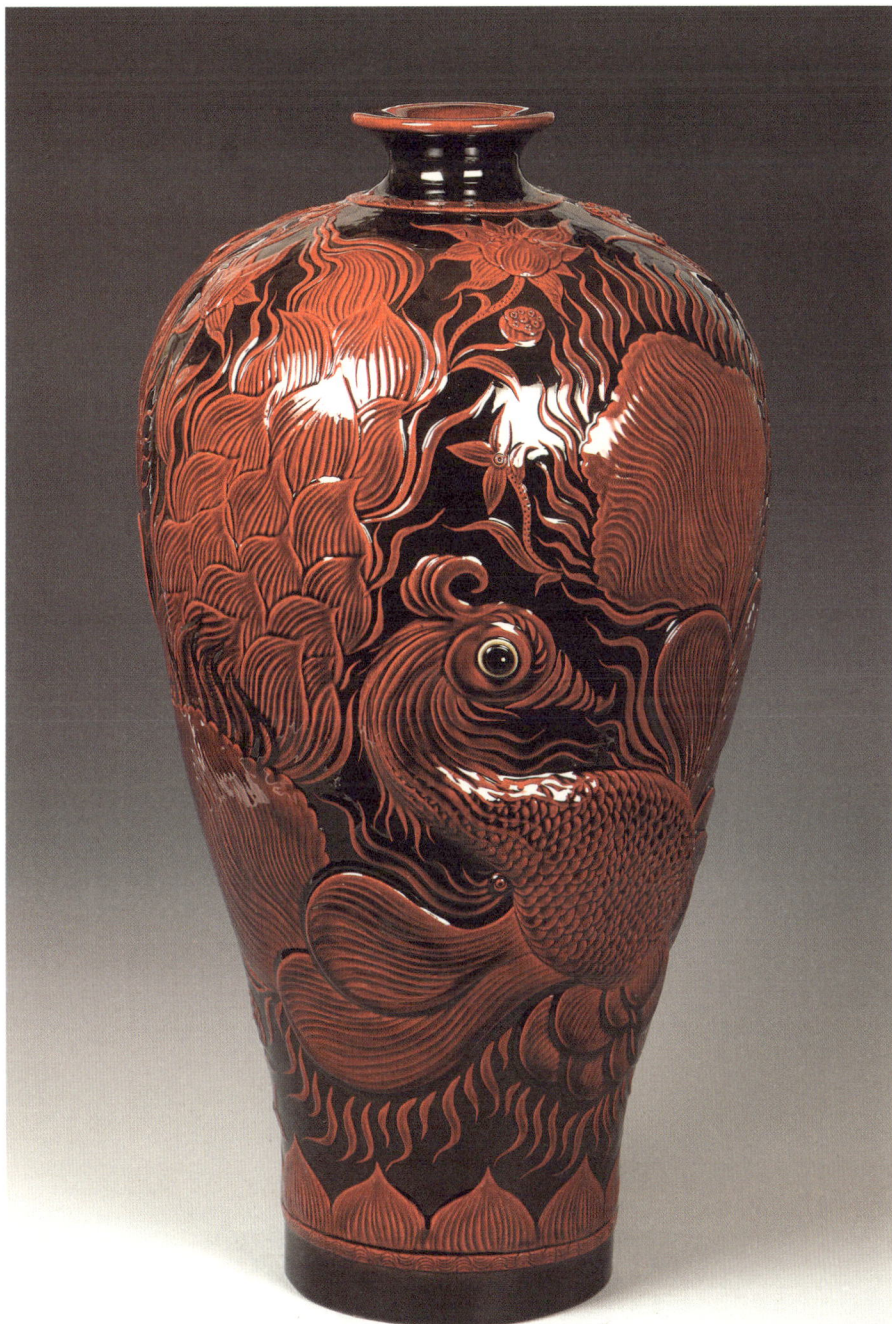

《凤凰于飞瓶》·杨俊·60cm×32cm

《花开富贵瓶》·杨俊·45cm×42cm

《富贵连连对瓶》·杨俊·45cm×30cm

《螭虎·如意瓶》·杨俊·50cm×35cm

《龙虎拱璧瓶》· 杨俊 · 38cm×48cm

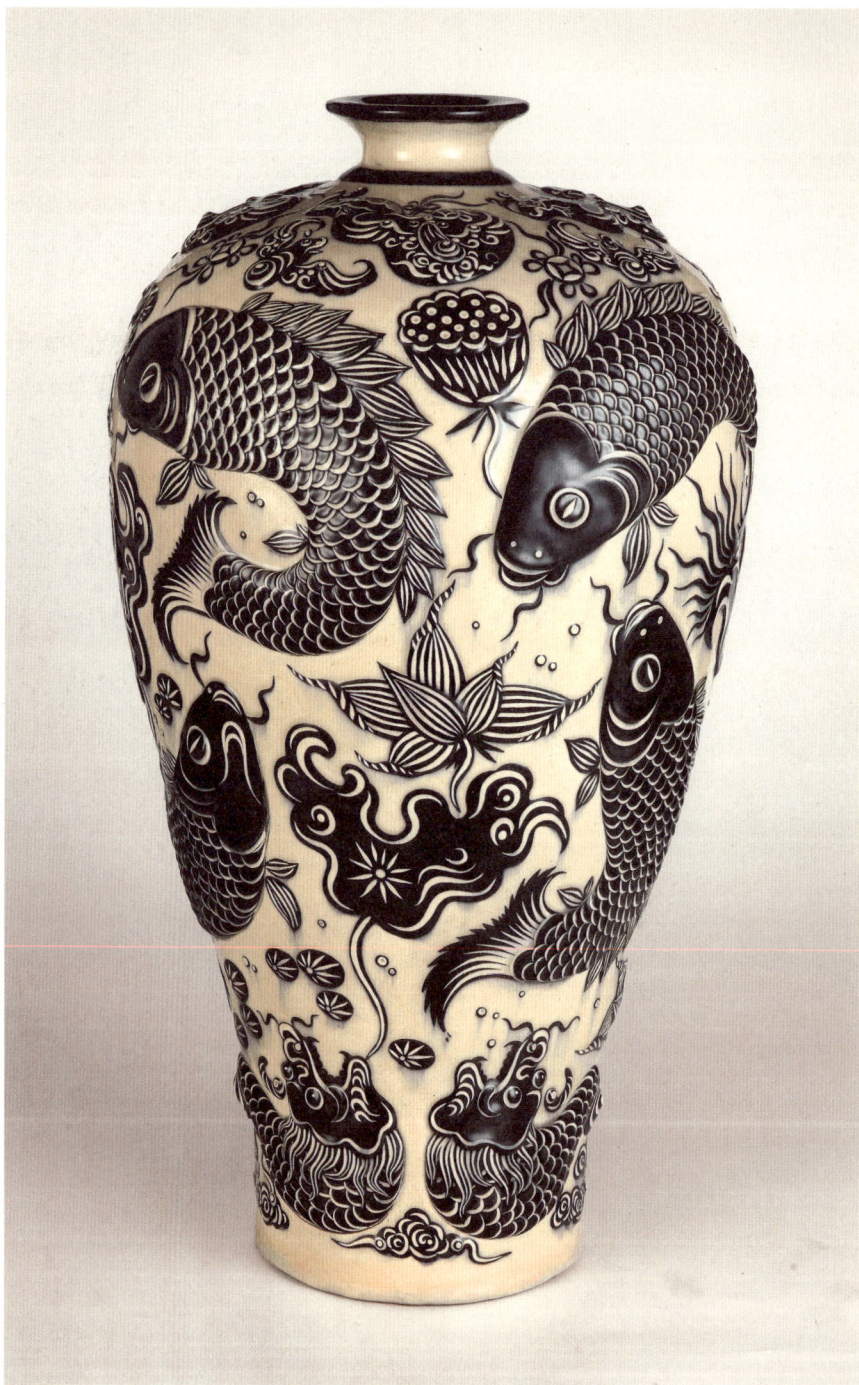

《福禄有余瓶》·刘俊·60cm×32cm

《龙马精神瓶》· 刘俊 · 65cm×56cm

《和美瓶》·刘俊·47cm×25cm

《和美瓶》·刘俊·50cm×35cm

《九天瓶》·刘俊·45cm×42cm

《腾飞瓶》· 刘俊 · 45cm×42cm

《六方吉祥如意钵》· 刘俊 · 38cm×52cm

《富贵连连瓶》 · 刘俊 · 38cm×48cm

《飞越·承载瓶》·周步芳·45cm×40cm

《飞天瓶》· 周步芳 · 45cm×40cm

《双栖盆》· 周步芳 · 65cm×65cm

《自由自在钵》之一 · 周步芳 · 25cm×38cm

《自由自在钵》之二 · 周步芳 · 25cm×38cm

《君子·梅》·周步芳·25cm×38cm

《君子·兰》·周步芳·25cm×38cm

《君子·竹》· 周步芳 · 25cm×38cm

《君子·菊》· 周步芳 · 25cm×38cm

《优哉游哉缸》·杨晓兰·38cm×50cm

后记

　　远古时期，中国先民在土与火的碰撞中发明创造了陶器，自此揭开了人类发展史上的"新石器时代"，奠定了中国陶瓷灿烂辉煌的历史地位。宜兴制陶历史悠久，陶瓷品种门类繁多，均陶的社会影响力不容小觑。"宜兴均陶制作技艺"经过漫长的发展历程，经由历代艺人的辛勤劳作与不懈追求，于2014年跻身第四批国家级非物质文化遗产名录，这将激励更多的均陶艺人钻研堆花技艺，传承均陶特色文化，弘扬均陶艺术价值。宜兴均陶艺术，因其稀有的地域资源，独特的民间工艺，厚重的文化底蕴，且极具实用性与观赏性而成为世界陶瓷百花园中的一颗璀璨明珠。

　　《均陶堆花工艺》的编撰出版是在教育部大力发展高职教育、全面深化职教内涵建设的背景下，为高等职业院校陶瓷设计与工艺专业的学生、陶瓷企业员工以及陶艺爱好者们提供了理论知识和专业技能的学习依据。目前，市场上介绍均陶堆花工艺的书籍凤毛麟角，更不要说教材了。为了积极探索宜兴陶瓷"五朵金花"非物质文化保护与传承机制，继续开发传统工艺传承特色的核心课程和教材建设，把"均陶"艺术发扬光大，解决均陶堆花工艺课程改革与项目式教学问题，同时也为陶瓷行业与企业"陶瓷装饰工"的职业培训与技能鉴定提供了培训教材。

　　本教材聘请了均陶企业的专家和一线专业技术人员参与了教材建设与指导工作，以图文并茂的形式，突出教材的实践性和实用性。由于编写时间紧促和编者水平有限，编撰过程中难免存在不足之处，恳请各位同行专家给予指正。

　　最后，特别感谢宜兴均陶工艺有限公司的李守才大师（大国工匠）为本书的编写提供了精美图片与技术指导；感谢宜兴均陶工艺有限公司的杨俊、刘俊提供的图片资料与热心支持；感谢无锡工艺职业技术学院的领导、老师们给予的关心、鼓励与帮助！

参考文献

［1］史俊棠 . 宜兴均陶 [M]. 上海：上海古籍出版社 .2009 年 1 月

［2］李守才 . 五彩霓裳 [M]. 北京：北京紫禁城出版社 .2009 年 2 月

［3］方卫明，方薛斐 . 宜兴均陶工艺 [M]. 南京：江苏凤凰美术出版社 .2017 年 4 月

［4］周小东 . 中国均陶 [M]. 南京：江苏凤凰美术出版社 .2016 年 3 月